LA PÊCHE

DE LA

TRUITE & DU SAUMON

à la Mouche artificielle

La Truite et le Saumon a la Mouche artificielle

PAR L. PERRUCHE

EDITIONS HALIEUTIQUES

EN VENTE A LA MÊME LIBRAIRIE

La Pêche de la Truite au Devon, par Edmond RENOIR et H. RYVEZ.

Comment Pêcher ? par GOBINOT.

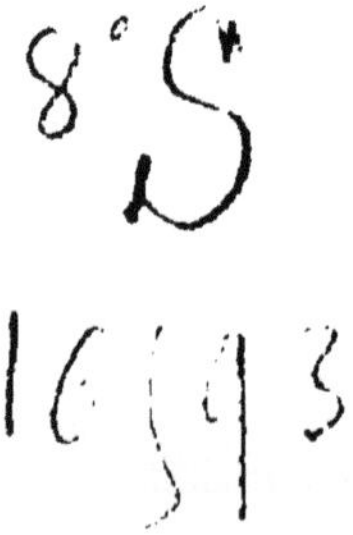

LA PÊCHE

DE LA

TRUITE & DU SAUMON

à la Mouche artificielle

PAR

LUCIEN PERRUCHE

DOCTEUR ÈS SCIENCES
SECRÉTAIRE GÉNÉRAL DU C. C. F.

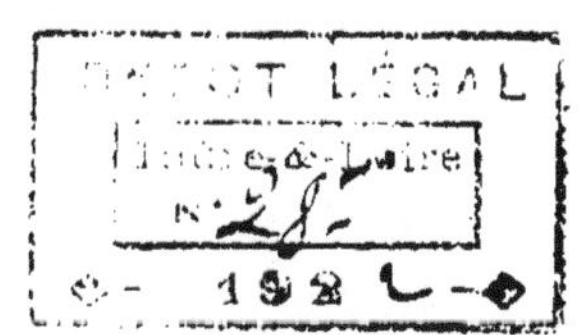

ÉDITIONS HALIEUTIQUES

Dépôt général : VICTORION FRÈRES & Cⁱᵉ, Libraires
87, BOULEVARD SAINT-GERMAIN, 87
PARIS

—

1922

AVANT-PROPOS

DE LA PREMIÈRE ÉDITION

« *Un pêcheur de truite, écrit le baron de Vaux, marche de pair avec le veneur le plus savant, le tireur le plus adroit; prendre des truites à la mouche est en effet un art qui exige un noviciat préparatoire, des exercices multiples; pour y réussir, il faut posséder suffisamment la théorie, avoir du coup d'œil, du sang-froid et une habileté extrême dans le maniement de son outil. La lutte avec la truite est directe, au grand jour, on pourrait presque dire corps à corps. Poisson de surface, hôte des eaux cristallines, elle se laisse facilement entrevoir, et sa vue, espoir d'un butin opime, a déjà soulevé les premières palpitations dans le cœur de celui qui la convoite; dans ce cas comme lorsqu'elle se relève subitement, au milieu des remous écumeux; son attaque a toujours la vivacité d'une surprise : aussi alerte qu'elle est soupçonneuse, elle s'élance d'un bond, sa cuirasse d'or pointillée de pourpre étincelle un instant au soleil, elle s'enfonce, disparaît. C'est quelque chose comme un éclair qui a passé devant vos yeux éblouis. Mordue par l'hameçon, ses défenses sont énergiques, presque violentes, on la tient, on ne la possède pas encore, on ne la* possédera peut-être jamais, elle combattra jusqu'à épuisement de ses forces, et, si le pêcheur ne parvenant pas à dominer son irrésistible émotion, hésite dans ses manœuvres, s'attarde dans ses ripostes, laisse vaciller un instant dans ses mains la ligne dont l'élasticité déjoue les secousses que lui imprime le poisson, il en sera pour ses espérances. »

Longtemps ces satisfactions sont restées le privilège de quelques initiés, mais le mouvement qui se dessine depuis quelques années en faveur des pêches sportives montre que le plus grand nombre a le désir d'en jouir.

Et peut-on trouver un meilleur emploi de ses loisirs, que ces voyages qui conduiront dans les plus beaux pays, que ces courses au grand air qui entretiennent l'activité et la souplesse du corps, où la réflexion et l'intelligence ont la plus belle part avec le sang-froid, l'à-propos et l'adresse ?

En présentant au public ces quelques pages, je n'ai eu d'autre ambition que d'exposer aussi clairement, aussi méthodiquement que possible, un sport dont il m'a été donné d'apprécier tout le mérite. Car je suis, comme beaucoup, victime de cette invincible attirance vers la rivière qui fait qu'appelé par l'heure et le signal convenu, je ne puis m'en arracher sans effort.

Lucien Perruche.

PRÉFACE

DE LA DEUXIÈME ÉDITION

Le succès de la première édition de ce livre est la preuve manifeste de l'importance que le sport de la pêche à la mouche artificielle commence à prendre en France et de l'intérêt grandissant qu'il présente.

La correspondance abondante que j'ai reçue à propos de cette première édition m'a montré que ce sport ne se développe pas seulement parmi les gens de loisirs, mais aussi parmi ceux à qui une vie intense rend plus nécessaire encore les distractions de plein air.

Des hommes d'État, des savants, des financiers, des écrivains viennent maintenant sur les bords des rivières à la poursuite de nos poissons de sport mouchetés comme des panthères.

Pour développer et augmenter cette deuxième édition je me suis inspiré surtout des remarques qui m'ont été faites et des questions qui m'ont été posées.

Beaucoup de chapitres ont été développés, d'autres sont entièrement nouveaux et concernent notamment le montage des mouches artificielles et les concours de lancer.

J'ai donné une beaucoup plus grande extension à la

partie qui traite de la pêche du Saumon. Ce n'est pas que pendant ces dernières années ce poisson soit devenu plus abondant, non au contraire ; mais, d'une part, ce sport s'est nettement développé et, d'autre part, la Direction générale des Eaux et Forêts au Ministère de l'Agriculture semble vouloir faire un réel effort pour la protection de ce poisson en France.

Il est temps, mais il n'est pas encore trop tard et il est encore possible, par l'application de mesures appropriées, de régénérer nos rivières à saumons.

Enfin, mon habile ami J. d'Or Sinclair (1), expert dans l'art de la pêche de l'ombre à la mouche, a bien voulu accepter de rédiger une courte étude sur cette pêche. Les lecteurs y trouveront condensé sous une forme charmante les principes de ce sport particulier.

Par contre, j'ai supprimé les quelques pages qui, dans la première édition, étaient consacrées à la pêche de la truite au véron, au spinning et au ver de terre et qui n'y avaient été introduites qu'à mon corps défendant. C'est que d'abord, je ne suis nullement qualifié pour parler de ces méthodes que je n'ai pas pratiquées et que, d'autre part, la préférence des pêcheurs pour la mouche artificielle semble de plus en plus accentuée. Le goût de ce sport se développe nettement et le nombre de ceux qui le pratiquent est en augmentation certaine.

Les opinions exprimées dans ce livre au sujet de la pêche à la mouche artificielle sont celles qui m'ont paru les meilleures. Je ne prétends pas qu'elles soient définitives.

Les sciences expérimentales m'ont appris la précision dans l'observation, je l'ai appliquée à ce sport que j'aime passionnément. Depuis de nombreuses années que j'ap-

---

(1) Bien connu dans le monde des pêcheurs sous son nom véritable : Paul DE BEAULIEU.

porte mon attention à la pêche à la mouche artificielle, j'ai fait des efforts pour voir et comprendre. Souvent je n'y suis pas arrivé et cela m'a éloigné du dogmatisme prétentieux.

Je le répète, les manières de voir que je propose sont celles qui me paraissent les meilleures, elles peuvent servir de guide au débutant, mais il lui appartient d'observer, de réfléchir et de se faire des idées personnelles sur toutes ces questions.

LUCIEN PERRUCHE.

LA TRUITE

LANCER DE LA MOUCHE A TRUITE OVERHEAD.

Position de la canne et du bras pendant le Back Cast. La réserve de soie, tirée hors du moulinet, est maintenue dans
la main gauche.

LA TRUITE

(Mœurs et Habitudes.)

La truite est un poisson carnassier puissamment armé pour la chasse, elle ne vit que dans les eaux claires et courantes dont la température ne dépasse pas 15 à 20 degrés centigrades (1).

Tout le monde connaît son élégante silhouette et sa force remarquable.

Sa robe varie suivant les rivières qu'elle habite ; ordinairement vert sombre sur le dos et la tête, mouchetée de taches noires, elle se dégrade sur les flancs, où les taches deviennent rouges.

La truite recherche l'ombre des arbres ou des rochers, elle se tient de préférence à des endroits déterminés que les initiés connaissent bien. Elle reste là pendant des heures, faisant tête au courant, happant au passage les proies qu'il lui amène ou parfois s'élançant comme une flèche vers celles qui passent à quelque distance.

La truite commune a de 20 à 30 centimètres de longueur moyenne, il existe cependant des spécimens beaucoup plus grands ; mais on ne prend guère de grosses truites à la mouche, et celles de plus d'une livre font

_____

(1) La truite meurt dès que la température de l'eau atteint 25°.

exception. Le poids moyen des poissons capturés à la mouche artificielle est de 200 à 350 grammes. Ceci est heureux car les grosses truites sont, au point de vue de la reproduction, les plus intéressantes : une truite de 4 ans produit 1.500 œufs environ alors qu'elle n'en fournit que 200 à 2 ans.

A l'approche de la ponte, qui se fait d'octobre à mars, la truite recherche des frayères, creuse un nid dans le gravier, dans lequel elle se couche, et pond ses œufs en même temps que le mâle placé à ses côtés répand la laitance qui les féconde.

Ces œufs, de la grosseur d'un petit pois, sont rosés; la femelle les recouvre de gravier pour les préserver de leurs ennemis et les abandonne à eux-mêmes.

Après une incubation de 45 à 120 jours, suivant la température de l'eau, les alevins éclosent ; ils conservent encore environ un mois la vésicule vitelline de l'œuf, qui leur sert de nourriture, et qu'ils résorbent peu à peu, cachés sous les pierres pour éviter toutes sortes de dangers. Beaucoup d'alevins disparaissent à cette époque, car ils sont alors d'une extrême fragilité.

La truite d'un an atteint 10 à 12 centimètres de longueur ; la truite adulte 20 à 30 centimètres, et pèse de 350 grammes à 2 livres, suivant les endroits où elle vit : plus la rivière sera froide et rapide, plus les truites seront nombreuses mais petites ; on observera l'inverse dans les cours d'eau lents.

Les truites de 200 à 300 grammes que l'on capture généralement sont âgées de 2 à 3 ans, et celles d'une livre de 4 à 5 ans.

La truite arc-en-ciel. — La truite arc-en-ciel, originaire d'Amérique, a été acclimatée en Europe. Elle est reconnaissable à la bande irisée tenant toute la longueur du corps.

La chair est inférieure à celle de la truite commune,

mais sa croissance est plus rapide. Elle a surtout l'avantage de très bien supporter les températures élevées et de mieux résister aux eaux polluées, ce qui, actuellement, est à prendre en considération.

Elle fraie un peu plus tard que la truite commune. Elle prend très bien la mouche artificielle.

Malheureusement il semble que dans les rivières françaises où on l'a introduite, elle dégénère plus rapidement que la truite indigène.

La **truite de lac**. — La truite de lac provient de l'Europe centrale, où elle atteint un poids considérable. En automne, elle remonte les rivières pour y frayer. Son corps est un peu plus allongé que celui de la truite commune.

L'ombre (1). — L'ombre vit généralement dans les mêmes rivières que la truite mais plus loin des sources. Ce poisson fraie en avril et mai. La pêche de l'ombre à la mouche artificielle est également d'un très bon sport,

(1) Il s'agit de l'ombre commun (*Thymallus vulgaris*), le grayling des Anglais et non de l'ombre-chevalier beaucoup moins répandu.

LES RIVIÈRES A TRUITES

Le pêcheur à la mouche, qui fréquente toujours la même rivière, finit par acquérir sur la pêche de la truite un certain nombre d'idées générales, qui sont rigoureusement exactes pour les eaux qu'il explore habituellement. Mais si, changeant de contrée, il applique à d'autres rivières ces mêmes idées, il sera peut-être désorienté en voyant ses déductions tomber à faux.

Ceci ne veut pas dire qu'il y ait pour chaque rivière une méthode spéciale de pêche, mais on peut diviser les cours d'eau qui renferment de la truite en plusieurs catégories, chacune d'elles exigeant une méthode particulière.

Que le classique *dry-fly-fisher* (1) des rivières normandes ne réussisse pas dans les torrents des Alpes ou dans les fleuves, il n'y a rien là qui doive surprendre, et l'idée de cours d'eau si différents évoque naturellement celle de méthodes non pareilles.

(1) Pêcheur à la mouche sèche. Quand on parle pêche, c'est toujours par l'Angleterre que l'on commence, car nulle part ce sport n'est aussi prospère.

La pêche de la truite à la mouche sèche est actuellement très à la mode. Cette pêche consiste à laisser la mouche flottante à la surface de l'eau ; au contraire le pêcheur à la mouche noyée laisse la mouche s'enfoncer.

L'on peut, à mon avis, diviser les rivières à truites en trois catégories :

1° La rivière à truites classique, celle qui a pour origine des sources alimentées par des eaux d'infiltration, qui est assez froide pour que la truite s'y plaise et dont les types les plus caractéristiques sont en Normandie et correspondent aux Chalk streams du sud de l'Angleterre (Ex : La Risle, l'Epte, l'Andelle, la Bresle, etc.).

Les rivières de cette première catégorie ne contiennent, au moins dans leur cours supérieur, que de la truite et du véron. Elles ont une flore abondante qui, si l'on n'y met bon ordre, envahit en été le lit entier de la rivière, sauf dans les endroits pierreux. Cette végétation aquatique abrite des larves qui deviendront insectes parfaits, et en telle abondance que la truite est au courant de toutes leurs habitudes, ce dont les pêcheurs à la mouche tireront profit.

Ces rivières coulent sur fonds de gravier, de pierre, de sable et même quelquefois de vase.

Il faut, dans ces eaux, employer des mouches petites, pêcher fin et de préférence à la mouche flottante.

C'est surtout à cette première catégorie de cours d'eau que s'applique ce qui sera dit dans ce livre, car ce sont les plus répandus en France et aussi les plus intéressants.

2° Les rivières à truites des pays de montagne, les gaves et les torrents des Pyrénées et des Alpes qui coulent dans le rocher ont une flore et une faune plus restreintes. La pêche à la mouche y est aussi beaucoup plus maigre et elle revêt un caractère spécial.

Il faut, là, changer sa provision d'appâts; les artificielles que l'on recommande, très peu garnies en *hackles* (1), ressemblent davantage à des larves qu'à des mouches.

(1) Les poils raides et brillants qui figurent les pattes des mouches.

Quant à pêcher à la mouche flottante, en beaucoup d'endroits, il n'en saurait être question, étant donnée la rapidité de l'eau.

Ces rivières sortent des glaciers et sont surtout alimentées par la fonte des neiges. Elles diffèrent essentiellement des premières. Leur débit est infiniment moins régulier et l'époque des hautes eaux est tout à fait différente.

Voici, à titre d'indication, le relevé par mois des débits caractéristiques moyens de deux rivières, l'une, l'Iton, en Normandie, est de la première catégorie, l'autre, la Pique, sort des glaciers des Pyrénées :

	L'Iton	La Pique
Janvier	750 litres.	1.700 litres.
Février	970	1.350
Mars	985	3.000
Avril	700	4.100
Mai	360	5.000
Juin.	335	5.000
Juillet	225	3.500
Août	185	3.000
Septembre ...,...	365	1.900
Octobre...........	320	1.200
Novembre	570	1.800
Décembre	860	1.800

Cette différence entre le régime des deux rivières est mis en évidence d'une façon plus claire encore par le graphique ci-contre (fig. 1). Les douze mois de l'année sont portés en abscisses et le débit des deux rivières en ordonnées.

On voit nettement qu'en mars, date habituelle de l'ouverture sur les rivières normandes, celles-ci ont généralement dépassé l'époque de leur volume maximum et vont commencer à diminuer lentement jusque

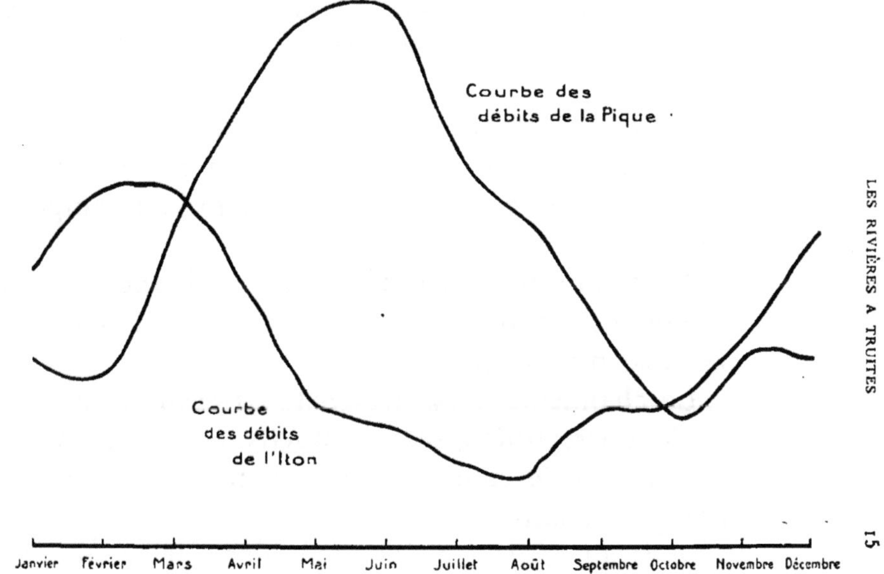

Courbe des
débits de la Pique
Courbe
des débits
de l'Iton
Janvier   Février   Mars   Avril   Mai   Juin   Juillet   Août   Septembre   Octobre   Novembre   Décembre
Fig. 1.

vers le milieu de l'été. Elles ne causeront aucune surprise aux sportsmen qui les fréquentent.

Au contraire, la rivière de montagne commence à peine à enfler son volume pour passer vers mai-juin la période des débits maxima.

De claire qu'elle était dans les premiers mois de l'année, elle est devenue sale et trouble pendant les premières périodes de crue et elle ne retrouvera sa limpidité généralement qu'en été. C'est ainsi que l'Isère, le Drac, l'Arve roulent toujours des eaux troubles au printemps.

3° Les rivières de la première et de la deuxième catégorie pendant leur course vers la mer ralentissent leurs cours, en même temps que lentement leur température s'élève.

A un endroit déterminé le poisson blanc apparaît et sa présence en quantité notable caractérise la rivière de la troisième catégorie.

Le changement est très net. La pêche à la mouche devient irrégulière, peu productive. Ces inconvénients sont en partie compensés par les plus belles prises que l'on peut y faire.

Mais au contact du poisson blanc, la truite a perdu de sa vivacité, elle ne prend pas la mouche avec la franchise des truites des Chalk streams. La pêche n'y est bonne qu'à certaines époques de l'année, généralement autour de la saison de la mouche de mai ou de celle du grannum si la rivière en contient.

Il faut, pour bien réussir dans ces cours d'eau, être vraiment habile ; l'attrait qu'ils exercent sur certains pêcheurs est surtout fait de l'espoir des grosses captures.

Pour ces rivières, des mouches plus grosses sont nécessaires ; l'équipement doit être plus puissant et le pêcheur doit faire montre d'une patience inlassable.

En règle générale, aussitôt que le poisson blanc apparaît dans une rivière, la truite perd en grande partie son originalité et il faut remonter à quelques kilomètres pour retrouver la vraie pêche intéressante, celle où la truite se présente avec toutes les caractéristiques qui en ont fait le premier poisson de sport.

L'ÉQUIPEMENT

Le choix de l'équipement du pêcheur à la mouche exige un soin tout particulier, c'est de lui que dépend un peu le succès des pêches futures. Dans ce chapitre, nous étudierons successivement toutes les parties de l'équipement indispensable au pêcheur à la mouche et aussi les accessoires plus ou moins utiles dont il aime à se munir.

Vous rencontrerez, au cours de vos journées de pêche, des paysans qui, équipés d'une façon tout à fait rustique, prennent des truites et railleront votre bambou refendu et les épuisettes compliquées.

Il est tout à fait entendu qu'une artificielle convenablement placée avec un bambou quelconque est tout aussi meurtrière que lancée par le plus élégant split-cane. Seulement le bambou pèse deux kilos et le split-cane 150 grammes; le bambou, quoique très long, est incapable de déposer la mouche aussi loin et aussi juste que votre canne.

Quant à l'épuisette, la plus ordinaire peut rendre exactement les mêmes services que les modèles de luxe, mais on y perd comme commodité, légèreté et encombrement.

D'ailleurs, croyez-m'en, les railleries ou les réflexions désobligeantes pour votre matériel, que vous prodigueront les pêcheurs de truites professionnels, équipés à la diable, mi-sportsmen, mi-braconniers, sont mitigées d'envie.

J'en connais plus d'un dont j'ai conquis les bonnes grâces (ce qui est utile, car il y a toujours à tirer d'eux des renseignements précieux) par le simple cadeau d'une de ces cannes qu'ils méprisaient tant.

La plus vive surprise que j'aie éprouvée au cours de mes randonnées le long des rivières à truites non gardées, il y en avait beaucoup et d'excellentes encore ces années dernières, fut de rencontrer, au fond de la vallée de l'A..., un paysan vivant de chasse et de pêche, armé d'une canne de chez le bon faiseur. Il l'utilisait avec une habileté consommée faisant des *side casts* et des *switch casts* sans s'en douter, tout comme M. Jourdain faisait de la prose. Et je vous assure que le professionnel du sport n'aurait jamais changé son mince split-cane pour la longue et lourde gaule de ses débuts. C'était un sportman dans toute l'acception du mot, péchant la mouche et rien que la mouche. Quelques lignes de fond de temps en temps, mais il s'en excusait en affirmant qu'elles étaient destinées aux anguilles.

J'ai fait longtemps l'ouverture dans cette rivière, toujours excellente, car aucun chemin de fer n'en profane les bords, le poisson que l'on y prend ne peut être expédié et mon ami reste un franc sportman et rien de plus.

LA CANNE

Les cannes à mouche (voir fig. 2) sont fabriquées en divers bois : greenheart, hickory, lancewood, ou, plus généralement, en bambou refendu. Ces dernières cannes sont actuellement le plus en faveur, car seul le bambou se prête à la fabrication des cannes très légères, qui sont de plus en plus utilisées. Il est en outre incomparablement plus résistant.

On emploie, pour cette fabrication, deux bambous : celui du Tonkin et celui de l'Inde. La plupart des cannes anglaises sont faites de bambou d'Inde et les cannes américaines de bambou du Tonkin. Ces deux bois ont leurs avantages et leurs inconvénients. Cependant, le bambou du Tonkin est un peu plus fragile, et le choix des brins qui entrent en fabrication exige plus de soin.

Les bambous destinés à la fabrication des cannes sont d'abord desséchés dans des conditions spéciales. Puis, dans des brins soigneusement sélectionnés, on détache à la main, en provoquant des fentes longitudinales, des baguettes dont la section est un triangle équilatéral.

On essaie soigneusement chacune d'elles. Toutes celles présentant des défauts sont éliminées.

Parmi ces baguettes triées, on en choisit six qui formeront le premier corps de la canne, on les ajuste soigneusement, les réunit et les fixe d'une façon définitive au moyen d'un ciment spécial insoluble dans l'eau. On monte de même le deuxième corps et si la canne en construction en comporte un, le troisième corps.

Fig. 2.

On conçoit qu'une telle fabrication donne des produits de valeur et de prix très différents, suivant la qualité des matériaux employés et celle de la main-d'œuvre qui les assemble.

J'ai une préférence très déterminée pour les cannes de fabrication anglaise. A prix égal, on a toute chance d'avoir une qualité supérieure.

En tout cas, on ne peut trop déconseiller l'achat des cannes à mouches américaines très bon marché vendues avant la guerre de 6 à 20 francs et qui valaient un dollar aux Etats-Unis. Ces cannes sont faites de bambou scié à la machine et non pas fendu, raboté et ajusté à la main comme sont toutes les bonnes cannes anglaises et les cannes américaines des premières marques.

Les cannes en bois : greenheart, hickory, sont plus lourdes et plus fragiles que les cannes en bambou refendu, qui, elles, sont pratiquement incassables. Le prix en est, par contre, beaucoup moins élevé, mais il vaut mieux une canne de greenheart de qualité moyenne qu'une canne en bambou refendu à bas prix.

On fait également des cannes en bambou refendu avec centre acier. Elles sont à déconseiller nettement : le bois et l'acier sont des matériaux trop dissemblables, leurs coefficients de dilatation linéaire sont trop différents pour que cette association, dans le cas qui nous occupe, puisse donner un produit intéressant. Elles se déforment beaucoup plus vite que les cannes entièrement en bois.

Les cannes sont généralement divisées en trois brins. Depuis quelque temps les modèles en deux brins sont aussi très employés.

On affirme que ces cannes travaillent mieux. Il y a en effet un léger avantage à supprimer une virole, mais il est amplement compensé par l'ennui de transporter dans ses déplacements un engin long et encombrant.

Néanmoins, si, comme je vous le conseille vivement, vous utilisez des cannes courtes, le montage en deux brins seulement est très recommandable.

Les jointures des cannes anglaises sont également plus résistantes que celles de fabrication américaine : les viroles en cuivre des premières donnent une meilleure impression de sécurité que les viroles nickelées ou en métal blanc des dernières, et si celles-ci allègent la canne, c'est un peu aux dépens de la solidité.

Les viroles des cannes à mouche sont souvent munies de jointures qui en immobilisent les brins et les empêchent de se déboîter pendant l'usage. Actuellement, les modèles extra-légers font fureur, et, pour gagner quelques grammes, on tend à supprimer cette jointure et à la remplacer par celle dite à air comprimé, qui, bien faite, donne toute sécurité.

La question de la longueur de la canne à truite a été longtemps à l'ordre du jour et les modèles actuels de dix pieds ont mis quelque temps à remplacer l'ancienne gaule de 6 mètres que les pêcheurs à la mouche manœuvraient à deux mains.

Si cette longue gaule supplée à l'habileté pour placer la mouche au milieu des roseaux et dans quelques endroits difficiles, elle est, par contre, très encombrante et très lourde. De plus, il est impossible d'exécuter avec elle les véritables coups fructueux de la pêche à la mouche : les lancers sous les pierres, sous les arbres, dans tous les endroits peu accessibles où pour placer une mouche, une arme courte, maniable et légère, est indispensable.

La canne longue ne permet pas non plus l'emploi des racines très fines qui sont de rigueur pour la pêche de la truite.

De plus il est impossible, à deux mains, de pratiquer convenablement la pêche à la mouche sèche, la plus intéressante et la plus productive.

La longueur la plus recommandable : 10 pieds, est amplement suffisante pour la plupart des rivières à truites. Pour les étangs, les lacs, les rivières très larges, on peut employer une canne de 11 pieds (3 m. 35), mais c'est là le *maximum* pour une canne à une main.

Si même on pêche dans une rivière ne dépassant pas 15 mètres de large, je conseillerai de s'en tenir à une longueur de 9 pieds ou 9 pieds et demi (2 m. 75 ou 2 m. 90).

Mon modèle préféré est un *split-cane* de 9 pieds pesant 170 grammes ; on conçoit facilement qu'un tel engin est extrêmement maniable et permet de placer une mouche dans les endroits les plus difficiles et inaccessibles avec une canne plus longue et plus lourde.

Le seul avantage de la canne un peu longue est qu'elle travaille mieux lorsqu'il s'agit de fatiguer un beau poisson, mais une habile manœuvre du moulinet compense fort heureusement ce léger inconvénient.

En ce qui concerne ce que l'on est convenu d'appeler l'*action* de la canne, il est bien difficile de donner dans un livre des indications précises et facilement compréhensibles.

L'action d'une canne est une fonction qui dépend de trois variables indépendantes qui sont : la flexibilité, la vitesse et l'équilibre.

La flexibilité. — Dans une série de cannes de même poids et également longues, il y en aura de plus ou moins raides suivant la façon dont le bois est distribué : Certaines seront fortes du butt-joint (1) et l'extrémité terminale du scion en sera très mince. D'autres, au contraire, plus faibles à la poignée auront un scion épais et plieront jusque dans la main, à l'inverse des premières, entièrement rigides dans la moitié de leur longueur. D'autres encore seront assez souples sans avoir un scion très lourd.

La vitesse. — Les cannes raides citées en premier lieu

(1) Butt-joint : le premier corps, celui qui comprend la poignée.

reviendront très rapidement à leur position d'équilibre, après un mouvement quelconque. Au contraire, les cannes à scions lourds construites suivant la méthode dite de Castleconnell auront une tendance à osciller plus longtemps, elles auront moins de vitesse et leur retour à la position stable sera un peu plus lent.

L'équilibre. — L'équilibre d'une canne varie suivant le poids du moulinet dont on la munit. C'est au pêcheur qu'il appartient de déterminer le moulinet qui doit équilibrer la canne qu'il a choisie.

Mieux vaut un moulinet trop léger que trop lourd et rien n'est plus désagréable à manier qu'une canne dont le centre de gravité est au niveau de la poignée.

La valeur du poids qui équilibrera parfaitement une canne ne peut être déterminée qu'empiriquement : En effet, son expression mathématique est représentée par une intégrale complexe qui pratiquement n'est pas résoluble.

Pour mon usage personnel, je choisis le poids du moulinet de façon à ce que la position d'équilibre de la canne, une fois le moulinet fixé, se trouve à une vingtaine de centimètres au-dessus du point qui marque la fin de la poignée et le commencement de la canne.

Le choix d'une canne est pour un débutant un problème difficile. Le mieux est de se faire accompagner d'un amateur avisé. Si l'on n'en connaît point, il faut s'adresser à une maison de premier ordre et arrêter son choix sur une canne d'une marque connue.

Les seules caractéristiques que l'on puisse apprécier quand on essaie une canne sans soie dans la boutique du marchand sont la raideur et le poids.

En ce qui concerne la raideur, il faut, surtout pour débuter, rester dans une juste moyenne : une canne souple présente quelques avantages pour pêcher à la mouche noyée, mais elle interdit l'emploi de lignes

POSITION DE LA CANNE ET DU BRAS A LA FIN DU FORWARD CAST. (1)

La main gauche tient en réserve une certaine quantité de soie, qu'elle laissera filer au moment du Shoot, si cela est nécessaire.

lourdes et est incapable de lancer contre le vent ; elle permet par contre de pêcher excessivement fin, cette souplesse corrigeant un coup de poignet trop brusque au ferrage.

La canne dure est indispensable pour la mouche sèche ; en effet, cette pêche exige une très grande précision ; on ne peut l'obtenir qu'en utilisant des lignes lourdes, qu'une canne molle serait incapable d'arracher de l'eau. Un modèle raide facilite beaucoup les « faux jets » en l'air exécutés pour sécher la mouche.

Les cannes munies de scions très lourds sont extraordinairement puissantes, elles arrachent de l'eau sans hésitation des soies très fortes, malheureusement elles rendent difficile l'emploi de fins bas de ligne, car un ferrage un peu brusque brise ces minces racines. Elles sont à recommander s'il est nécessaire de lancer exceptionnellement loin ou, au début de la saison, quand l'eau est haute et que l'on peut pêcher un peu gros. On arrive cependant très bien, avec un peu d'habitude, à corriger par une grande souplesse du poignet ce qu'elles ont d'un peu brutal.

Quant au poids, on a actuellement tendance à exagérer la légèreté et, pour satisfaire leur clientèle, les fabricants sont obligés de réduire autant que possible les parties métalliques.

Le poids total a d'ailleurs peu d'importance, et certaines cannes, très légères sur le plateau de la balance, le sont moins quand on les a en main. Pour qu'elles donnent une meilleure impression de légèreté, il suffirait simplement d'augmenter d'une vingtaine de grammes la partie inférieure de la poignée, qui équilibreraient ainsi beaucoup mieux la canne proprement dite. C'est pourquoi il ne faut pas s'attacher au nombre de grammes indiqués sur les catalogues ; lorsqu'il est compris entre des limites moyennes, il ne signifie absolument rien, tout dépendant de la fraction appliquée au contrepoids : une canne pesant 200 grammes avec porte-moulinet en bois en pèsera facilement 230 si elle est munie d'un porte-moulinet métallique, et peut sembler plus légère.

SOIN DES CANNES

Pratiquement une bonne canne durera indéfiniment si l'on veut prendre toutes les précautions pour la tenir en état.

D'abord, le montage doit être effectué en fixant le scion au corps du milieu, puis ce dernier au butt-joint. Pour le démontage, suivre l'ordre inverse. Si, par suite de l'humidité, le bois est gonflé et rend le démontage difficile, chauffer légèrement la virole avec une allumette en ayant bien soin de présenter à la flamme le centre de la virole, et non son extrémité ; le métal est bon conducteur de la chaleur, et le démontage se fera aussi rapidement qu'en présentant à la flamme l'extrémité de la virole, ce qui eût détérioré le vernis.

Pendant l'hiver, veiller à ce que les cannes ne soient pas abandonnées dans un endroit humide ni surtout dans une pièce trop chaude et trop sèche, ce qui est plus grave encore, l'extrême sécheresse diminuant l'adhérence des viroles sur le bois.

Les bonnes cannes à truite sont en fait incassables en pêche. Mais elles peuvent être brisées par un choc violent sur un arbre ou un rocher, ou par toute autre cause accidentelle.

Ces accidents sont plus fréquents avec les cannes en bois : greenheart, hickory, bois de lance.

En pêche ne laissez jamais une canne posée sur l'herbe, elle y serait trop exposée à ce que vos amis, votre porte-épuisette ou vous-même ne la mettiez hors d'usage accidentellement.

Quelques pêcheurs munissent le talon de la canne d'une lance (voir fig. 3) qui permet de la piquer en terre pendant les repos, pendant que l'on répare un bas de ligne ou change de mouche.

Si l'on se trouve, à la pêche, désarmé par une rupture de canne et que l'on en n'ait point de rechange, on pourra réparer de la façon suivante : les deux extrémités de la canne brisée sont taillées en biseau sur quelques centimètres de longueur de façon à ce qu'elles s'ajustent à peu près exactement, puis on les serre fortement l'une contre l'autre et les fixe au moyen de quelques centi-

Fig. 3. — Lance de cuivre.

mètres d'une bande de chatterton, le même que celui employé par les électriciens. Puis on maintient le tout en place par une ligature très serrée faite avec de la ficelle fine.

Si la rupture a eu lieu au ras d'une virole, et que l'on ne puisse faire de biseaux, on fera chevaucher sur quelques centimètres les extrémités brisées, on garnira de chaque côté d'un petit bout de baguette pris aux arbres de la rive, osier ou saule de préférence, et on fixera le tout au moyen de chatterton recouvert ensuite d'une ligature comme précédemment.

Évidemment, l'existence sur la canne de ce poids supplémentaire n'en améliorera pas l'action, mais on pourra, au moins, éviter d'avoir une journée entièrement gâchée. Il est plus prudent, d'ailleurs, pour les déplacements à quelque distance, de se munir d'une canne de rechange.

LE MOULINET

Le moulinet (voir fig. 4) doit être à plaque tournante et muni d'un cric ou d'un frein.

Les modèles à manivelle et les moulinets multiplicateurs ne sont pas à conseiller. Par suite des mouvements du lanceur la soie se trouve prise à chaque instant dans le pivot de la manivelle ce qui ne peut arriver avec les modèles à plaque tournante.

De préférence, choisir un modèle dont le tambour soit très étroit, type dit « contracté », et qui permette de récupérer la ligne rapidement. De plus, sur un moulinet étroit, les spires de la ligne enroulée sont plus grandes, et si la soie restée longtemps en repos est un peu sèche, celle-ci à la pêche suivante, sera plus souple, aura moins tendance à se développer en tire-bouchon que gardée sur un moulinet large, et par suite, enroulée en spires plus petites. Il doit être, de plus, susceptible de contenir 3o yards de soie préparée calibre G.

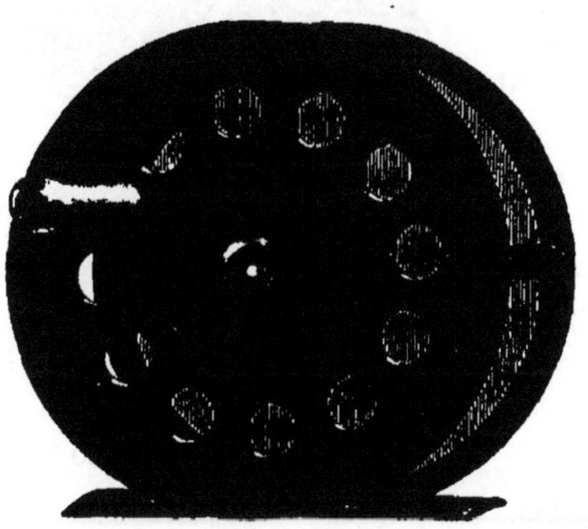

Fig. 4. — Moulinet « Newport » type contracté de Percy Wadham's Specialities.

Le moulinet doit être en métal, les modèles en bois sont à proscrire pour la pêche de la truite à la mouche, l'ébonite doit également être rejetée à cause de sa fragilité. Il doit être construit uniquement en laiton, cuivre,

german silver ou aluminium. De toute façon, en métal
bronzé ou noirci, les mou-
linets en métal poli ou
nickelé jettent des reflets
certainement nuisibles
pour la pêche.

Les modèles les plus en
faveur maintenant sont
ceux construits en alumi-
nium ou en ses différents
alliages.

On devra choisir le mou-
linet en ne perdant pas de
vue qu'il doit équilibrer
la canne et que c'est un
peu de cet équilibre que

Fig. 5. — Moulinet « Coronation » vu de face, montrant la
molette du cric.

dépendra l'agrément ou la
fatigue du lancer.

Quant au cric, il le vaut
mieux trop faible que trop
dur, surtout si l'on a pour
principe de pêcher fin.

Certains moulinets per-
fectionnés possèdent une
vis de réglage qui permet
d'augmenter ou de dimi-
nuer la tension de la ligne
pendant le dévidement
(voir fig. 6 et 7). C'est une
complication utile, car il
est quelquefois important
de rendre le cric plus ou
moins dur suivant que
l'on pêche plus ou moins
fin, dans une rivière en-

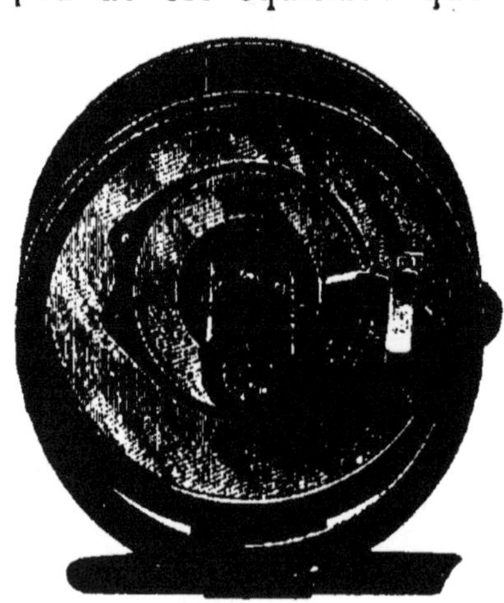

Fig. 6. — Moulinet « Coronation » démonté montrant les
billes de l'axe commandées par
une vis de freinage placée au
centre de la plaque du dos et
rendant la rotation du tambour plus ou moins libre.

combrée ou dépourvue d'herbes.

Il est utile aussi d'avoir un engin se démontant facilement, car le ressort du cric est en acier et sujet à se rouiller s'il n'est pas régulièrement entretenu. L'instrument immobilisé peut être aisément remis en état si l'on possède un modèle facilement démontable.

Fig. 7. — Moulinet « The Best » de Farlow. On voit sur le cadre, côté manivelle, la molette régulatrice permettant de régler la tension de la ligne.

En somme, pour la pêche de la truite à la mouche, l'idéal est un moulinet à plaque tournante en métal bronzé, cuivre, cuivre et aluminium ou aluminium seul, suivant le poids de la canne à équilibrer ; tambour très étroit (modèles dits *extra-contractés*), à cric réglable à volonté, facilement démontable, et susceptible de contenir une bonne longueur de soie à truite : 3o à 4o mètres environ.

Il existe dans le commerce plusieurs modèles de ce moulinet idéal, tous sont également bons et des préférences personnelles peuvent seules en déterminer le choix.

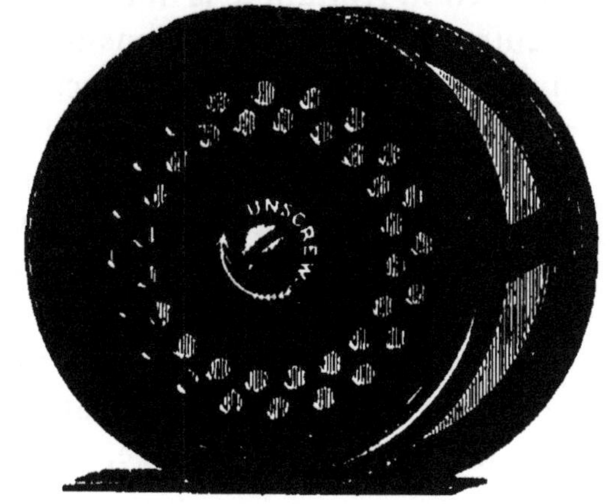

Fig. 8. — Moulinet « The Best » de Farlow vu de dos, montrant la vis pour le démontage.

On peut citer parmi les mieux conçus le moulinet

« Coronation » (voir fig. 5 et 6) de *Percy Wadham's Specialities* dont le démontage est instantané sans le secours d'aucun instrument, le « Fly Reel » et « The Best » (voir fig. 7 et 8) de *Farlow* de Londres.

LA LIGNE

La ligne doit être en soie tressée et imperméabilisée et avoir 3o à 4o mètres de long.

La fabrication des lignes est excessivement longue et délicate : la soie tressée est imprégnée d'huile de lin cuite puis enroulée sur un séchoir ou étendue à l'air sur toute sa longueur. On laisse sécher cette première couche ce qui dure plus ou moins longtemps suivant la nature de l'huile employée et suivant qu'elle a été ou non additionnée d'un siccatif.

Quand cette première couche est sèche, on en passe une seconde, après dessiccation, une troisième et ainsi de suite. Après la quatrième couche on commence à polir la soie en la frottant à la main avec un petit morceau de cuir souple. On passe ensuite l'application d'huile suivante et ainsi de suite en effectuant un léger polissage après chaque imprégnation d'huile.

Après la dixième couche, on la ponce puis la polit une dernière fois avec beaucoup de soin. On peut enfin la vernir. Dès lors, sa préparation est terminée et elle est prête à l'usage.

Une question est controversée : celle de savoir s'il est préférable de faire l'imprégnation d'huile au moyen de la machine pneumatique, c'est-à-dire dans le vide ou non.

Mon avis est que l'usage du vide est bien inutile, l'huile montant par capillarité dans toutes les fibres de la soie. Certains prétendent que la mise en action de la pompe pneumatique fait échapper de grandes quantités d'air. Ce n'est qu'une illusion. Il suffit de se souvenir des lois de Mariotte sur les volumes gazeux et de réfléchir à la pression extrêmement réduite à laquelle on opère : quelques millimètres seulement, pour se rendre compte que ces bulles d'air qui paraissent énormes correspondent en réalité à un volume d'air infime quand il est ramené à la pression atmosphérique.

En fait, les pêcheurs à la mouche n'ont, en général, ni le temps ni le goût de se livrer à la fabrication des lignes. Ils préfèrent les acheter chez les spécialistes.

Quand on choisit une ligne, il faut la prendre de très bonne qualité ; de préférence une grande marque, car dans les lignes bon marché, l'enduit n'est qu'extérieur. il s'effrite rapidement, l'humidité pénètre et séjourne dans le corps de la soie et celle-ci s'altère rapidement.

Je recommande très vivement de prendre des lignes dites en queue de rat ; c'est-à-dire dont l'extrémité est terminée en fuseau. Ces soies ont une trentaine de mètres de longueur et chacune de leurs extrémités est en fuseau. Comme c'est cette dernière partie qui s'use le plus rapidement, il suffit de retourner la ligne sur le moulinet pour doubler sa durée. Ce sont les soies dites en fuseau double et en anglais « double tapered ».

Ces lignes sont la perfection, surtout pour la pêche à la mouche sèche : elles permettent de lancer loin et contre le vent. Leur corps est assez lourd, elles délivrent cependant la mouche avec une extrême légèreté, leur extrémité étant très fine.

L'épaisseur de la ligne (voir fig. 9) et, par suite, son poids a une très grande importance, il est bon d'en avoir à sa disposition de plus ou moins fortes : les plus grosses pour le début de la saison quand le temps est mauvais et que le vent contrarie le lancer ; les plus faibles pour les journées claires et calmes.

Une bonne formule pour une de ces lignes en queue de rat, pour la pêche à la mouche sèche est H — E — H.

Pour des cannes excessivement puissantes et pour des rivières larges où il faut couvrir de grandes distances, on pourra monter jusqu'à la dimension H — D — H, ou même H — C — H.

Les soies « Heron » de chez *Farlow* à Londres et « Halford » de la maison *Eaton et Deller* sont parmi les meilleures de celles que j'ai employées.

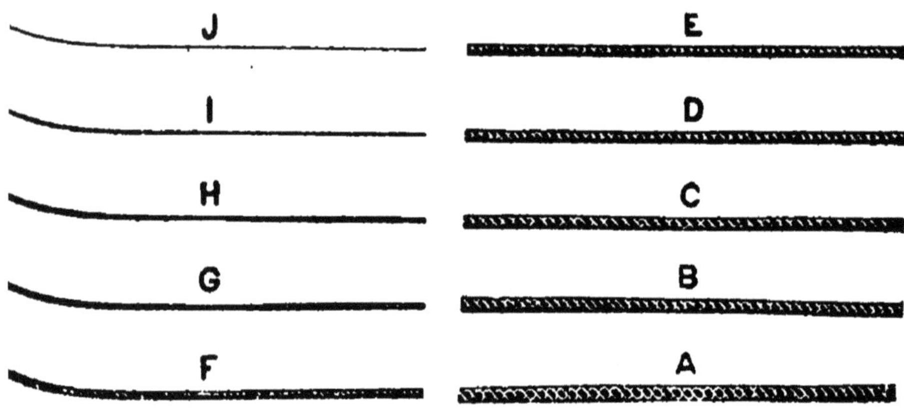

Fig. 9. — Soie, type des grosseurs.

Il faut prendre grand soin des soies si on veut les garder longtemps en bon état d'usage. Après chaque jour de pêche il est indispensable de les laisser sécher hors du moulinet.

Au cours de l'hiver, il est bon de s'inquiéter à trois ou quatre reprises de ce que deviennent vos lignes. Il faut les retirer du moulinet et les laisser quelques jours à l'air enroulées sur un large séchoir ou simplement lovées sur le sol. Faute de cette précaution on risque à la saison suivante de retrouver ses soies en mauvais état : l'enduit s'est ramolli et toutes les spires devenues gluantes se sont agglutinées. Si on veut l'utiliser, la ligne colle aux doigts d'une façon très désagréable et ne glisse pas dans les anneaux.

Cette mésaventure est arrivée à plusieurs de mes amis et à moi-même pour les soies à saumon restées inutilisées pendant les années de guerre. On peut remédier en partie à un accident de ce genre de la façon suivante : la soie est lavée avec de l'eau tiède savonneuse ce qui a pour effet d'éliminer une partie de l'huile de lin qui a exsudé. On rince à l'eau claire et laisse sécher. On l'humecte ensuite légèrement avec le mélange suivant que l'on aura soin de remuer avant chaque emploi :

Huile de lin cuite . . . . . 5 centimètres cubes.
Essence de térébenthine . . . 50   —   —
Résinate de manganèse précipité. 8 grammes.

La soie ainsi traitée est enroulée sur un plioir ou mieux encore étendue à l'air jusqu'à dessiccation, ce qui dure deux à cinq jours suivant l'état de la soie. Ainsi traitée, elle ne récupère pas ses qualités premières, mais redevient néanmoins fort convenable pour la pêche.

Graisse pour lignes. — On trouve dans le commerce de la graisse de cerf spécialement destinée à être utilisée pour enduire la ligne et la faire flotter à la surface de l'eau pour la pêche à la mouche sèche.

En fait, la graisse de mouton a la même composition chimique que celle de cerf.

On pourra donc également utiliser le suif de mouton.

J'ai employé aussi avec succès les graisses au caoutchouc telles que celles utilisées dans les laboratoires pour maintenir les robinets de verre en bon état de lubréfaction.

Certains de mes amis à qui je les ai fait essayer n'en veulent plus d'autres.

Voici comment on prépare ce produit :

On fond et maintient à 110° un mélange de 25 grammes

de paraffine et 25 grammes de vaseline. On ajoute alors en remuant avec une baguette de verre 5 grammes de caoutchouc para pur découpé en petites lanières. On maintient la température en agitant de temps en temps jusqu'à dissolution complète.

Cette mixture adhère très bien à la soie et celle-ci ainsi traitée flotte très longtemps sans qu'il soit nécessaire de la sécher et graisser à nouveau.

LE BAS DE LIGNE

Les bas de ligne sont montés en florence ou en racine. Ces produits proviennent des pays d'élevage du ver à soie : Espagne, Italie, France, Chine, Japon, Portugal, Sicile, Syrie.

La qualité de ces produits est excessivement variable. La meilleure florence est indiscutablement celle qui provient de Murcie en Espagne. La qualité exceptionnelle des produits de cette région est attribuée au climat qui favorise d'une façon remarquable la croissance du mûrier dont les feuilles forment la base de l'alimentation du ver à soie et aussi aux soins très minutieux apportés dans la fabrication.

On a essayé en Angleterre et aux États-Unis d'acclimater cette industrie, les résultats ont été tellement décourageants que l'on a abandonné ces tentatives.

On prépare la florence de la manière suivante : quand les vers à soie ont atteint leur complet développement et qu'ils s'apprêtent à filer leur cocon, ce que l'on reconnaît à ce qu'ils cessent de s'alimenter et à l'apparition à leur bouche du premier filament de soie, on les tue par immersion dans du vinaigre où on les laisse séjourner environ dix heures. Le produit que l'animal allait filer se trouve dans deux glandes intérieures qui sont mises à jour en brisant le corps. Ces glandes sont sai-

sies par leur extrémité et étirées autant qu'il est possible ; il faut pour cela une main-d'œuvre experte. Les
deux extrémités du brin ainsi obtenu son épinglées de
façon à maintenir celui-ci dans toute sa longueur. On
l'expose ensuite au soleil et à l'air où il prend progressivement de la consistance.

Les crins sont ensuite passés dans une solution étendue de carbonate de soude. Ils sont ensuite blanchis
par diverses méthodes : chlore, eau oxygénée, anhydride
sulfureux. Cette opération du blanchiment est excessivement délicate et doit être faite avec beaucoup de
soin.

Si, par exemple, une petite quantité d'anhydride sulfureux n'a pas été éliminée complètement, elle se transforme en acide sulfurique par oxydation au détriment
de la substance même de la florence ; et cette trace
d'acide sulfurique désorganise lentement le crin de florence.

On conçoit que la qualité de ces produits soit essentiellement variable : suivant son origine d'abord : vigueur et résistance du ver à soie, suivant la qualité de
la main-d'œuvre employée, et aussi la valeur technique
des procédés de fabrication mis en usage.

Je vous conseille vivement pour la pêche aux salmonides d'apporter le plus grand soin au choix des bas
de ligne, florences et racines. Il faut les acheter dans
les meilleures maisons : celles qui vendent les meilleurs
produits, qui en vendent beaucoup, ceci afin de ne pas
avoir à utiliser des produits de date ancienne, et enfin
celles qui ne sacrifient pas la qualité au désir de vendre
bon marché.

La florence préparée ainsi qu'il est dit plus haut est
triée à la main et classée par qualités et par grosseurs.

Voici le tableau des principales grosseurs de crins de
florence avec leur emploi.

Hebra.	La plus grosse des racines naturelles. Excessivement rare. Pêche du saumon.
Imperial.	Saumon.
Marana premier.	Saumon.
Marana deuxième.	Saumon.
Padron premier.	Saumonneau (Grilse).
Padron deuxième.	Saumonneau. Truite de mer et truite de lac.
Regular.	Truite de mer et de lac.
Fina.	— —
Refina.	Truite.
Refinucha.	Truite.

La florence est appelée en anglais *undrawn gut* par opposition à la racine qui porte le nom de *drawn gut*.

La racine est obtenue en passant à la filière des brins de florence de façon à égaliser leur diamètre sur toute leur longueur.

Cette opération ne peut être faite qu'avec des florences de première qualité.

La grosseur des racines est caractérisée par une échelle qui va de o X à 8 X. Il est bien évident que l'on peut arriver par ce procédé à obtenir des racines très fines et d'un diamètre régulier, ce que l'étirage simple n'aurait pu produire ni comme finesse ni comme régularité.

Le bas de ligne utilisé pour la pêche à la mouche artificielle doit avoir au plus la longueur de la canne diminuée de 25 à 3o centimètres. Il n'est jamais utile de dépasser 2 m. 70, cette distance entre la mouche et la soie étant amplement suffisante. Il est bon de se fixer une longueur et de n'en pas changer, l'habitude d'un bas de ligne constant donne une plus grande sûreté dans les lancers de précision.

Les bas de ligne actuels sont en florence ou en racine et en queue de rat (*tapered*).

Les purs dry-fly-fishers anglais préfèrent à la racine (*drawn gut*) la florence naturelle non passée à la filière (*undrawn gut*); car elle est peu brillante, plus solide et s'effiloche moins rapidement par les mouvements du lancer, le frottement sur les pierres et les herbes. Il est cependant de toute nécessité d'utiliser des bas de ligne terminés en racine très fine, pour les belles journées où l'eau est claire et le soleil brûlant ; mais c'est uniquement parce que la florence naturelle ne peut atteindre l'extrême finesse des racines XXXXX.

Pour la pêche à la mouche sèche, on peut utiliser des bas de ligne en queue de rat commençant par du *padron* et se terminant par la plus fine *Refinucha* que l'on puisse obtenir. Si l'on pêche à la mouche noyée, ou à la mouche flottante sur des eaux très claires, on utilisera des bas de ligne allant de *Padron* à XXXX. On réservera, pour les chaudes journées d'été, les bas de ligne les plus fins allant de X à XXXXX.

Il faut aussi que le bas de ligne soit proportionné à la taille de la mouche employée : il serait un peu exagéré de fixer sur du *fina* les *gnats* minuscules montés sur hameçon OOO, ou une mouche de mai de taille raisonnable sur un bas de ligne en XXXXX.

Si l'on doit pêcher contre le vent, employer un bas de ligne un peu court et en racine ou florence assez forte ; car le meilleur lanceur même est incapable de déployer contre une brise un peu forte un bas de ligne impondérable.

LES MOUCHES

Les mouches pour la pêche de la truite étaient autrefois montées sur un brin de racine que l'on fixait au bas de ligne par une double boucle. Actuellement, on monte les artificielles sur de petits hameçons à œillets ;

on peut ainsi conserver en réserve une grande quantité de mouches, ce qui était peu pratique avec l'ancien système, la racine se détériorant lentement et d'elle-même. Cela permet surtout de monter les mouches sur un bas de ligne plus ou moins fort suivant les circonstances.

Pour les transporter, on employait les portefeuilles à

Fig. 10. — Portefeuille à mouches.

pochettes de parchemin (voir fig. 10) utilisés pour les bas de ligne et les racines de rechange.

Maintenant que les mouches montées sur hameçons à œillets sont presque exclusivement en usage, on les renferme dans des boîtes garnies de bandes de liège, ou, mieux encore, dans une boîte en aluminium munie de petits casiers à couvercles transparents en mica (voir fig. 11). Ce dernier modèle est le plus recommandable : il n'écrase pas les mouches comme le portefeuille et il ne faut aucun effort pour extraire les artificiel-

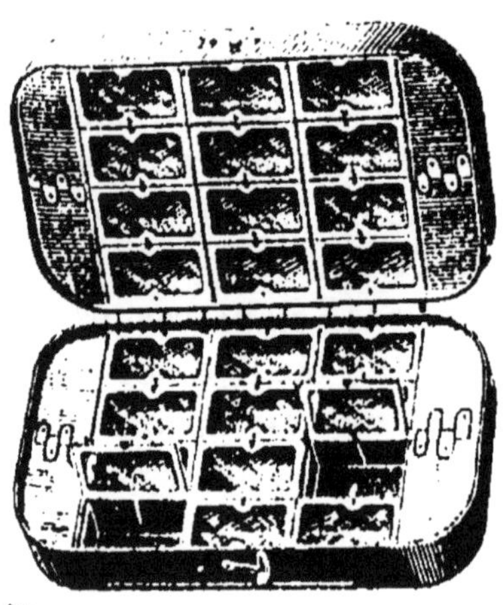

Fig. 11. — Boîte à mouches en aluminium avec casiers à couvercles transparents en mica.

les de leur casier, celles-ci gardent leur forme très exactement, ce qui est indispensable pour le pêcheur à la mouche sèche.

L'ÉPUISETTE

La nécessité absolue de l'épuisette est hors de doute, car si une canne, même médiocre, est capable de vaincre les plus grosses truites que l'on puisse rencontrer, elle

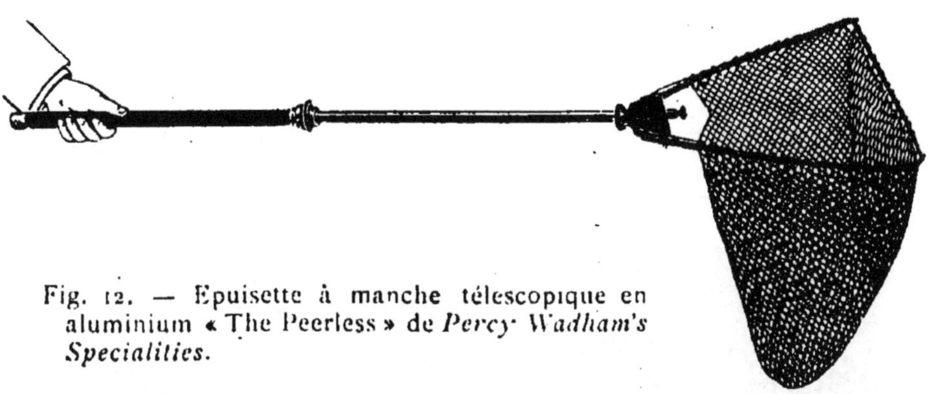

Fig. 12. — Épuisette à manche télescopique en aluminium « The Peerless » de *Percy Wadham's Specialities.*

ne peut soulever hors de l'eau un poisson de poids moyen. De même un bas de ligne qui résiste parfaite-ment à une truite peut être incapable de l'élever hors de l'eau sans se rompre.

Fig. 13. — Anneau porte-épuisette de Farlow.

Pour garder libre la main gauche, il faut une épuisette qui puisse être portée pliée à la ceinture et que l'on développe au moment du besoin par un mouvement simple du poignet. (Voir fig. 12.)

Il existe un grand nombre de ces modèles pliants ; l'un des plus commodes se com-pose d'un manche télescopique que l'on porte en ban-doulière à la ceinture, d'une monture triangulaire

Position de la canne et du bras à la fin du Forward-Cast. (2)
La main gauche tient la soie et la tire hors des anneaux au fur et à mesure que le courant
ramène la mouche vers le pêcheur. (Rive droite.)

formée de deux bras démontables en bois de lance verni reliés par une lanière de cuir et d'un filet en fouet apprêté.

Farlow, de Londres, a un anneau porte-épuisette très pratique monté sur une forte épingle de sûreté (voir fig. 13) permettant de fixer l'épuisette à la ceinture, au vêtement ou même au sac de pêche.

L'épuisette est fixée au manche par l'intermédiaire d'une douille à charnière (voir fig. 14), ce qui permet de la porter rabattue le long du manche. Le modèle ainsi constitué est parfaitement stable et ne risque pas de se retourner par suite des mouvements brusques ou lorsque, pê-

Fig. 14. — Douille à charnière.

chant dans l'eau, le courant agit sur la poignée. Cet inconvénient était particulièrement désagréable avec les modèles formés seulement d'un manche télescopique et d'une épuisette.

S'il se trouve que l'on soit, un jour à la pêche, par suite de circonstances fortuites dépourvu d'épuisette, il sera toujours facile de la remplacer par une petite gaffe que l'on confectionnera soi-même en fixant à l'extrémité d'une baguette un gros hameçon acheté au village voisin ou une grosse aiguille recourbée au feu,

LES ACCESSOIRES

Ils sont légion, mais je ne veux citer que ceux d'une utilité quelconque, ce qui n'est pas le cas général.

Le Sac. — Pour emporter ces accessoires et aussi le moulinet, les boîtes à mouches et les portefeuilles, un sac est nécessaire.

Lorsqu'il faut sauter des fossés, traverser des haies, des bois, le sac est plus pratique que le panier et à coup sûr moins encombrant, surtout lorsque la pêche est maigre. Le choisir muni d'une poche de caoutchouc pour contenir le poisson : poche pouvant être détachée pour le lavage (voir fig. 15).

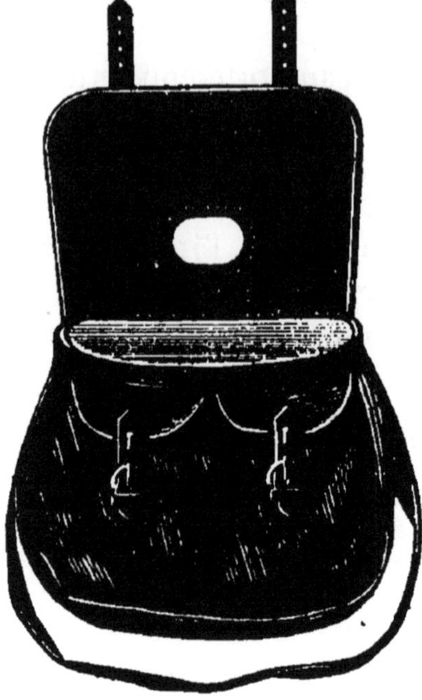

Fig. 15. — Sac avec poche intérieure en caoutchouc.

La Boîte mouilleuse. — Au moment du départ, mettre deux ou trois bas de ligne et quelques racines de rechange entre les flanelles convenablement humectées de la boîte mouilleuse (*Damp box*) : boîte ronde en fer-blanc ou en aluminium contenant quelques rondelles de feutre ou de flanelle mouillées. On y trouve, lorsqu'il en est besoin, des racines humides et prêtes à être employées (voir fig. 16).

Les pinces. — Les pinces figurées ci-contre (voir fig. 17) sont très commodes pour couper au ras des nœuds ou de l'hameçon les bouts de racines.

Fig. 16. — Boîte mouilleuse pour bas de ligne.

Le vaporisateur à mouches sèches. — Pour la pêche

à la mouche sèche, le vaporisateur à huile de vaseline
(voir fig. 18) m'a rendu d'indéniables services : il pro-

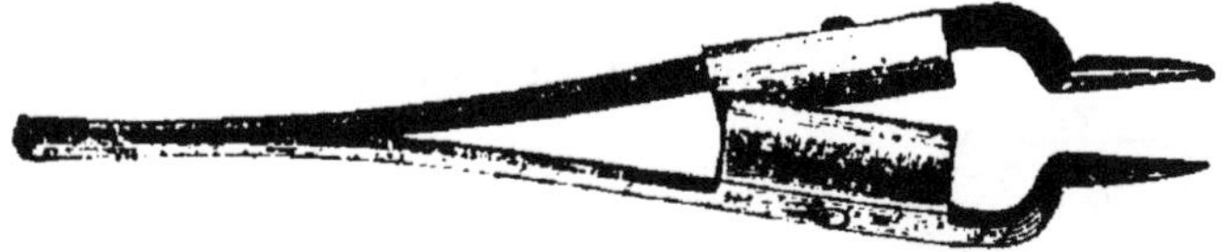

Fig. 17. — Pinces coupantes.

jette sur la mouche une pluie de fines gouttelettes qui
pénètrent ensuite les plumes et la soie et font que la
mouche flotte parfaitement. C'est un objet
un peu encombrant et certains le rempla-
cent simplement par un carré de flanelle
imbibée d'huile de vaseline et renfermé
dans une petite boîte métallique (voir
fig. 19), on pince la mouche entre les doigts
avec l'étoffe ainsi préparée, ce qui est suffisant pour la
faire flotter.

**Le filet à
mouches**. — Il
s'agit d'un petit
filet en mousse-
line monté sur
un cercle de
maillechort

Fig. 18. —
Vaporisa-
teur.

Fig. 19. — Boîtier pour huile
de paraffine.

d'une quinzaine de centi-
mètres de diamètre et que
l'on peut fixer à l'extrémité
de la canne, sur l'anneau
de tête de scion (voir fig. 20).
On peut ainsi au moyen de
ce petit appareil prélever à
la surface de l'eau la mouche qui s'y trouve. Une
bonne jumelle à prismes rend souvent le même

service et son usage permet souvent d'identifier les mouches qui sont sur la rivière et sont prises par la truite. Pour la facilité des observations, je conseillerai l'emploi d'une jumelle de grossissement 6 X.

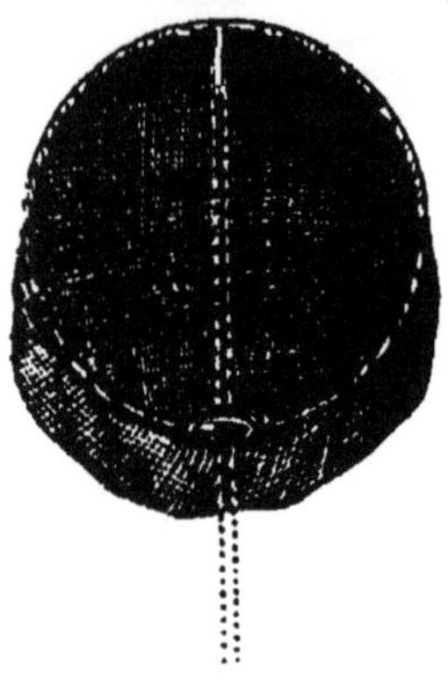

Fig. 20.
Filet à mouches.

Fig. 21. — Portefeuille à bas
de lignes.

Le portefeuille à bas de lignes. — Il est très commode pour ranger et transporter ses bas de lignes et ses florences et racines d'emporter un petit portefeuille en cuir garni de poches de parchemin. On trouve dans le commerce des modèles très pratiques (voir fig. 21).

Fig. 22. — Couteau de pêcheur.

Ne pas oublier de se munir d'un couteau de poche (voir fig. 22) et de ciseaux.

Il est bon également de se munir d'un petit tournevis. On en fait de tout petits, plats en métal nickelé et par suite de leur dimension faciles à loger dans une poche de gilet (voir fig. 23).

On se trouvera bien également de l'emploi du grais-

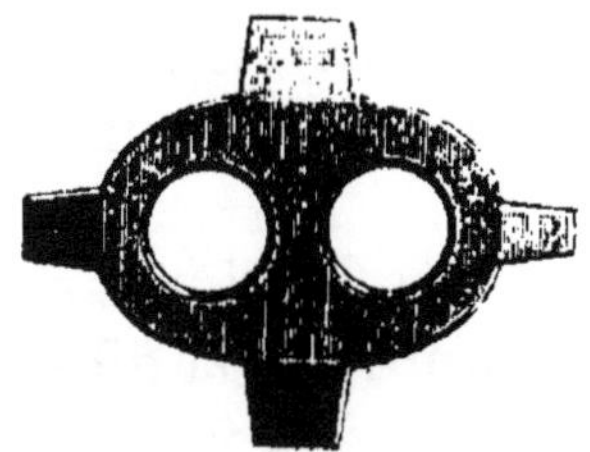

Fig. 23.
Tournevis de Farlow.

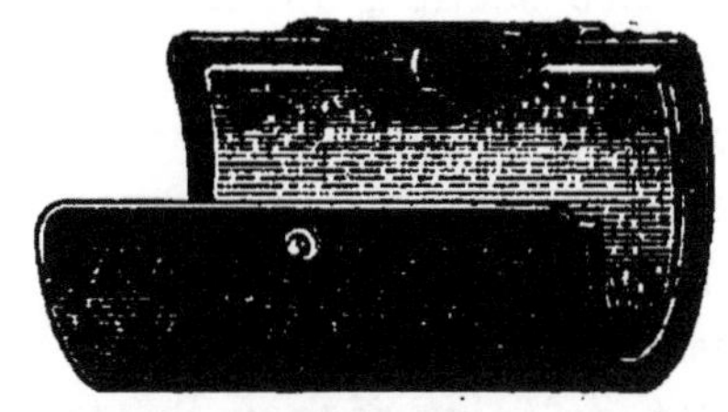

Fig. 24.
Graisseur pour lignes.

seur pour lignes (voir fig. 24). Il est constitué par une petite pièce de cuir garnie à l'intérieur d'un feutre que l'on graisse et que l'on utilisera pour enduire la surface des lignes pour les faire flotter.

Waders, bottes et brodequins. — Dans la plupart des rivières à truites, il est souvent très avantageux de pouvoir entrer dans l'eau lorsque la profondeur le permet; soit pour placer la mouche en des endroits que les obstacles rendent inaccessibles de la rive; soit aussi pour traverser la rivière et prendre à volonté, l'une ou l'autre berge, ce qui facilite beaucoup la pêche. Enfin, si l'on parcourt une rivière qui coule parmi des prés que l'on inonde en vue de la production du foin, il est indispensable d'être en mesure de passer dans l'eau. On peut s'équiper de deux manières : avec des bottes en cuir ou avec des bas de caoutchouc. Ces derniers ont l'avantage d'être très légers, faciles à emporter, et rigoureusement imperméables.

Les bas de caoutchouc se mettent par-dessus le pantalon, on leur superpose une paire de chaussettes de laine très épaisse et finalement des brodequins spéciaux en cuir et toile. Les chaussettes de laine évitent que les graviers qui entrent dans le brodequin ne coupent le caoutchouc. La pêche terminée, enlever les bas, les rincer intérieurement et extérieurement, les retourner, les faire sécher, l'intérieur d'abord, et, bien entendu, sans le secours du feu. Les brodequins durcissent à l'usage ; avant de les mettre, les faire ramollir dans l'eau pendant quelques minutes.

Les bottes en caoutchouc sont aussi très pratiques et *absolument* imperméables. Leur seul ennui est la difficulté de faire sécher la transpiration qui se condense à l'intérieur. On ne peut pour cela avoir recours à la chaleur de sorte qu'il est parfois impossible de mettre un jour les bottes déjà employées la veille. On peut activer le séchage en remplissant la botte *d'avoine* qui absorbe l'humidité. Quand l'intérieur de la botte est sec, il suffit d'étaler l'avoine à l'air pour la laisser sécher, elle sera ensuite apte à remplir à nouveau son office.

Mes préférences vont nettement au bas de caoutchouc, il est imperméable, léger, agréable à porter et peu encombrant.

Par contre, si l'on pêche dans une rivière où il n'y a pas lieu d'entrer dans l'eau, je ne connais rien de plus pratique que les petits brodequins entièrement en caoutchouc qui montent à peine plus haut que la cheville, qui se lacent comme des chaussures en cuir ordinaire et ont toutefois sur ces dernières l'avantage du prix et celui d'être, sans aucun entretien, toujours *rigoureusement* imperméables.

LE LANCER DE LA MOUCHE

Les méthodes modernes de pêche à la mouche sèche font que, pour être bon pêcheur, il faut d'abord être excellent lanceur : en effet, le principe du *dry fly fishing* consiste à envoyer à une truite qui vient de *moucheronner* (1) une artificielle aussi semblable que possible à l'insecte qu'elle vient de gober. Mais comme les truites peuvent moucheronner à n'importe quel point de la rivière et que les plus belles pièces se tiennent dans les endroits les plus difficiles, on comprendra facilement qu'un lanceur médiocre est fortement handicapé relativement à un bon lanceur. Si ce dernier envoie du premier coup sa mouche en bonne place, il a incontestablement plus de chance de prendre le poisson visé que son collègue qui se sera préalablement accroché aux herbes, aux branches et aux pierres devant, derrière et à ses côtés ; heureux encore si sa mouche ne va pas tomber avec fracas à la place désirée, ce qui renverra la truite au fond de la rivière et la rendra, pour la journée au moins, des plus méfiantes.

(1) Action de la truite qui vient à la surface gober un insecte porté par le courant, ce qui produit des ondulations concentriques analogues à celles produites par la chute d'une pierre.

Certains ne lancent pas; ils pratiquent simplement la pêche dite « à la surprise ». Elle ne demande aucune habileté, de plus, son rayon d'action est très restreint : elle ne peut s'appliquer par exemple à une truite que l'on voit moucheronner sur l'autre rive ; ni à une rivière très découverte. Cette pêche n'a rien d'un sport et il ne saurait en être question ici.

Le lancer de la mouche est donc la chose la plus importante. Il demande, bien entendu, quelque temps d'apprentissage, mais on en exagère souvent les difficultés; car, une fois bien pénétré des principes essentiels, avec quelques heures d'essais patients, on peut se présenter au bord de la rivière. Là on arrive assez vite à une bonne moyenne si l'on consent à ne pas se départir dés règles classiques.

Il est vrai qu'ensuite les progrès sont extrêmement lents et les hauts grades ne sont acquis qu'au prix de très longues études pratiques.

En France, les pêcheurs à la volante sont assez peu renseignés sur les diverses façons de lancer la mouche : ils possèdent un coup qu'ils se sont fait à la longue mais qui ne procède d'aucune méthode générale. En Angleterre, au contraire, ces questions ont été très étudiées, et on a pu ainsi cataloguer un certain nombre de lancers différents dont voici les principaux :

1° *Overhead cast* (lancer au-dessus de la tête);

2° *Steeple cast* (lancer d'obstacles) ;

3° *Wind cast* (lancer du vent) ;

4° *Underhand cast* (lancer sous la main) ou *Side cast* (lancer de côté) ;

5° *Switch cast* (lancer roulé) ;

6° *Dry switch cast* (lancer roulé de la mouche sèche).

L'overhead cast est le lancer le plus employé, il est indispensable de le posséder à fond, car presque tous les autres en dérivent. Il s'applique à la pêche à la mouche sèche ou noyée, dans les endroits dépourvus d'obstacles. Supposons la canne montée, munie du moulinet, d'une soie appropriée et d'un bas de ligne garni d'une mouche. La canne est tenue de la main droite, le pouce posé à plat sur la poignée, le moulinet en dessous, la soie est maintenue immobile par le médius qui la serre contre le liège de la poignée.

L'overhead cast comporte deux mouvements.

1º Le *back cast* : action de lancer la mouche en arrière ;

2º Le *forward cast* : action de lancer la mouche en avant.

Supposons une dizaine de mètres de ligne étendus sur l'eau devant le pêcheur, la canne tenue presque horizontalement. D'un mouvement franc du poignet, relever la canne de façon à envoyer en arrière soie, bas de ligne et mouche ; ceci en faisant à peine dépasser la verticale à la pointe du scion. De cette façon, la ligne évolue bien en l'air et ne vient pas s'accrocher dans les herbes derrière le lanceur.

Marquer nettement un temps d'arrêt pendant lequel soie et bas de ligne s'étendent en arrière. Lorsque l'extension de la ligne est complète (ce que l'on peut à la rigueur constater soi-même), et avant que la soie ne tombe sur le sol, ramener la canne en avant après avoir légèrement déplacé à droite ou à gauche la pointe de la canne pour que la soie ne vienne pas heurter cette dernière, ce qui arriverait si l'on exécutait les deux mouvements exactement dans le même plan.

Arrêter le mouvement en avant à un angle de 45º environ, la soie se déploie sur la rivière à hauteur d'homme ; baisser alors la pointe de la canne presque jusqu'à l'horizontale et soie, bas de ligne et mouche descendront légèrement sur l'eau.

La canne doit être actionnée par le poignet et à peine

par l'avant-bras, le coude servant de pivot et restant immuablement collé au corps.

Voici pour ce lancer, les règles essentielles dont il est impossible de se départir.

1° Actionner la canne du poignet, à l'exclusion du bras;

2° Exécuter les mouvements avec le minimum de force: la canne doit travailler beaucoup et le pêcheur peu;

3° Dans le *back cast*, laisser la pointe de la canne ne dépasser qu'à peine la verticale;

4° Bien observer la pause pendant laquelle la soie s'étend en arrière, pause plus ou moins prolongée suivant que la ligne est elle-même plus ou moins longue;

5° Arrêt du *forward cast* à un angle de 30 à 45° environ, suivant la longueur de la ligne;

6° Déplacer légèrement la pointe du scion, à droite ou à gauche entre le *back cast* et le *forward cast*.

Le **steeple cast** est employé pour pêcher exceptionnellement loin ou par-dessous des herbes ou des buissons.

C'est l'*over head cast* exécuté à bras tendu, l'impulsion étant cependant donnée avec le poignet.

Lorsque l'on a un peu l'habitude de l'*overhead cast*, il est plus commode de maintenir la soie dans la main gauche au lieu de l'immobiliser contre la poignée, on garde ainsi en réserve un mètre ou deux hors du moulinet. Si dans le *forward cast* on a mis un peu trop de force, on sent la soie tirer légèrement à la pointe du scion, il suffit d'abandonner la ligne tenue en réserve pour qu'elle file dans les anneaux et compense l'excès de force. On peut corriger une impulsion insuffisante par le mouvement inverse : la main gauche tire hors des anneaux une longueur de fil appropriée.

Le mouvement qui à la fin du lancer consiste à laisser filer dans les anneaux une certaine longueur de soie s'appelle le *shoot*. C'est un mouvement très important. Le fait de savoir manœuvrer convenablement la soie au moment du *shoot* améliore considérablement le lancer. Pour l'exécuter convenablement, il faut avoir soin, dans le *forward cast*, de ne pas trop abaisser la pointe de la canne, je répète ici que ce mouvement en avant ne doit pas dépasser un angle de 45°. D'autre part la canne doit être munie d'anneaux assez larges pour permettre à la ligne de filer sans trop d'efforts.

Le **wind cast** est aussi une variante de l'*overhead cast*; il est exclusivement employé contre le vent debout. On exécute le *back cast* comme dans le jet ordinaire, mais en inclinant la canne en arrière; puis, presque sans marquer de temps d'arrêt, on exécute le *forward cast* en abaissant fortement la pointe de la canne.

L'**underhand cast**, lancer sous la main ou **side cast**, lancer de côté, comporte les mêmes mouvements que l'*overhead cast*, mais on l'exécute dans un plan horizontal, la canne tenue assez bas : à peu près à la hauteur de la ceinture. Il permet de placer une artificielle sous les buissons ou entre des arbres dont le feuillage rend l'*overhead* impossible. Dans ce lancer, le *back cast* est facile à contrôler ; mais comme il est exécuté très près du sol, à la moindre faute, l'hameçon s'accroche dans les herbes.

Ce coup délivre l'appât avec une extrême délicatesse. Il est des plus employés pour la mouche sèche, surtout lorsque l'on pêche sur son bord et en remontant une rivière bordée d'arbres ; dans ce cas, le *back cast* s'effectue au-dessus de l'eau et il faut bien prendre garde aux herbes de la berge.

Le **switch cast**, à l'inverse des lancers décrits ci-dessus, ne comporte pas le déploiement de la soie en arrière ou sur le côté : la ligne ne quitte pas la surface de l'eau. Il permet de lancer la mouche à des distances considérables, en dépit des obstacles placés derrière et même contre le pêcheur. Il est très peu connu chez nous et c'est regrettable, car il rend dans la pêche pratique les plus grands services. Supposons une dizaine de mètres de soie étendus sur l'eau, la canne étant tenue presque horizontale. Le pêcheur relève lentement la pointe du scion, la mouche traînant à la surface de l'eau, jusqu'à ce que la canne soit verticale. Alors, sans marquer de temps d'arrêt, l'abaisser vivement en avant par une impulsion ferme du poignet. La ligne roulera sur l'eau et s'étendra droit devant le pêcheur, déposant la mouche très légèrement dans la direction marquée par le mouvement de la canne en avant.

Ce lancer n'est pas, comme on pourrait le croire, spécial à la mouche noyée. Lorsque l'on pêche en remontant le courant et que celui-ci ramène la ligne vers le lanceur, ce dernier n'a qu'à relever progressivement la pointe du scion pour tendre la soie et, lorsque la canne est verticale, il peut exécuter le jet en avant, qui déposera la mouche quelques mètres plus haut et parfaitement sèche.

Enfin, le **dry switch cast** s'exécute ainsi : la mouche est solidement tenue entre le pouce et l'index de la main gauche, la main droite tient la canne et exécute à plusieurs reprises le mouvement du *switch cast*. A chacun de ces faux lancers, on tire du moulinet environ un mètre de soie. Lorsque l'on juge que la longueur de ligne déployée est suffisante, on exécute une dernière fois le mouvement du switch cast et, lorsque sous l'impulsion donnée, la soie part en avant et tire la mouche tenue dans la main gauche, le pêcheur, au lieu de la maintenir solidement comme dans les faux jets précédents, la laisse suivre la traction de la ligne et celle-ci s'étend droit devant le lanceur et dépose l'artificielle bien sèche, exactement dans la direction marquée par le dernier mouvement de la canne en avant.

Le *dry switch cast* est assez difficile et nécessite quelque temps d'essais patients, mais il rend de grands services, car seul il peut placer une mouche en bien des endroits encombrés d'obstacles, et sur la berge et sur la rivière.

Le meilleur moyen de faire dans la science du lancer des progrès rapides est, après la stricte observance des lois indiquées plus haut, d'être bien équipé : en particulier, si le calibre de la soie n'est pas proportionné à la force de la canne, si elle est trop légère ou trop lourde, les difficultés seront considérablement accrues.

LES CONCOURS DE LANCER

Il importe de bien se pénétrer de cette idée que la pêche à la mouche artificielle de la truite et du saumon est un véritable sport. Il faut, pour la pratiquer convenablement, s'y être passablement entraîné. On conçoit facilement qu'il soit possible d'établir un classement entre les diverses personnes qui se livrent à cette pêche, car en dehors des qualités intrinsèques du pêcheur, de sa connaissance de l'eau, des mœurs et des habitudes du poisson, il est aisé d'apprécier son habileté dans l'art de manier la canne à mouche.

C'est dans ce but qu'ont été organisés les concours de lancer. Ces tournaments sont en Angleterre et aux États-Unis de vieilles institutions, mais ce n'est qu'en 1909 qu'ils ont pénétré en France, grâce à l'initiative de quelques sportsmen français en tête desquels il faut placer le regretté fondateur et président du *Casting Club de France :* le Prince Pierre d'Arenberg.

Ces concours de lancer comprennent deux catégories d'épreuves : 1º celles de lancer de mouche à truite et à saumon ; 2º celles de lancer du moulinet.

Chacune de ces deux catégories comprend elle-même des épreuves de distance et de précision.

Les épreuves de mouche sont exécutées sur l'eau.

Une plate-forme qui ne doit pas être élevée de plus de 45 centimètres au-dessus du niveau de l'eau est établie près de la berge et reliée à celle-ci par une passerelle.

Une règle plate d'une cinquantaine de mètres de long part de la plate-forme, parallèlement à la berge et est divisée de façon à ce que de la rive le jury et les spectateurs puissent apprécier les distances couvertes par les concurrents.

A l'appel de son nom chacun de ceux-ci prend place sur la plate-forme où il dispose de cinq minutes pour lancer.

Voici à titre d'indication une liste des épreuves de lancer de mouche à truite et à saumon.

1º Mouche à truite. — Distance.

2º   —   Obstacle arrière, — Distance (*Switch cast*).

3º   —   Distance. — Cannes de poids limité (170 grammes par exemple).

4º   —   Précision. — Cinq buts, à 5, 8, 12, 15 et 20 mètres (un jet sur chaque but).

5º Mouche à saumon. — Distance.

6º   —   Distance. — Obstacle arrière (*Switch cast*).

7º   .   Distance. — Cannes de longueur limitée (15 pieds ou 4 m. 60 par exemple).

Ces concours sont régis par les règles fixées par le *Casting Club de France* et qu'il est inutile d'énumérer ici.

Le *Casting Club de France* a seul qualité en France pour établir les règlements des concours de lancer, pour homologuer les résultats des épreuves et les records pour trancher tous différends relatifs aux concours de lancer.

Ces règlements sont conformes à ceux qui régissent les tournaments anglais ou américains. Si l'on s'en écartait, les résultats obtenus en différents concours ne seraient plus comparables et il ne serait plus possible d'homologuer et de déterminer les records.

Il existe deux classes de concurrents : les amateurs et les professsionnels.

Est amateur quiconque n'a jamais pêché dans le but de vendre du poisson ni loué ses services à des pêcheurs, ni enseigné l'art de lancer moyennant salaire, ni reçu une allocation pécuniaire pour prendre part à un concours de lancer ou pour faire une démonstration de lancer, ni retiré un profit pécuniaire de l'organisation d'un concours de lancer, ni été financièrement intéressé dans la fabrication ou la vente d'articles de pêche.

Les amateurs sont eux-mêmes divisés en deux classes : les juniors et les seniors. Ceci afin de ne pas décourager les débutants des concours en les mettant en présence de sportsmen de première force et qui détiennent les records.

Est junior, l'amateur qui n'a jamais dans une épreuve analogue d'un précédent concours atteint les résultats suivants :

28 mètres en mouche à truite distance.

22 mètres en mouche à truite distance, obstacle arrière.

23 mètres en mouche à truite distance, canne de 170 grammes.

25 mètres en mouche à saumon distance, obstacle arrière.

32 mètres en mouche à saumon distance.

30 mètres en mouche à saumon distance, canne de 4 m. 60.

LANCER DIT « UNDERGUT-CAST ».

Intermédiaire entre le « Side-Cast » et l' « Overhand Cast ». Il permet de lancer contre un vent violent
ou de placer une mouche très près du bord où l'on se trouve, comme dans la figure présente

Ces concours ont été très attaqués, on leur a surtout reproché de différer par trop des conditions de la pêche normale. S'il y a là un peu de vrai, il faut remarquer que les concurrents sont tous dans les mêmes conditions et que de ce fait l'ordre de classement n'est pas interverti.

Les engins de concours ne sont pas si différents de ceux employés pour la pêche qu'on pourrait le croire. Ils sont certainement un peu plus puissants, mais que dire par exemple des épreuves de mouche à truite avec cannes de poids limité. Quand le poids de ces cannes ne dépasse pas 170 grammes, on ne peut nier que l'on oblige le concurrent à employer un engin parfaitement utilisable à la pêche. Depuis des années, plusieurs de mes amis et moi-même employons toute l'année à la pêche les cannes de 150 et 170 grammes qui nous ont servi au concours.

On a objecté surtout que le lancer de la mouche et la pêche de la truite sont choses totalement différentes. Il y avait là un peu de vrai, mais avec les méthodes modernes de la mouche sèche, l'habileté du lanceur a pris une place prépondérante et tous ceux qui l'ont pratiquée sont d'accord pour le reconnaître.

S'il est certain que les distances atteintes en concours sont pratiquement inutiles sur le bord de la rivière, il n'est pas moins douteux qu'un sportman qui manie bien 30 mètres de ligne en maniera encore mieux 15 mètres.

De plus, certaines épreuves exigent des cannes de pêche normales : par exemple, les épreuves de lancer avec obstacle arrière (switch cast). Ce lancer était tout à fait inconnu, j'en suis persuadé, de la majorité des sportsmen français. C'est le concours qui a révélé à beaucoup ce jet très utile en pêche pratique. On peut tirer de ces réunions les renseignements et les observations les plus utiles

Que le concours nécessite pour y figurer une exagération des qualités nécessaires pour être un bon lanceur, soit, mais que cela n'ait avec le sport de la pêche à la mouche aucun rapport, c'est une opinion fantaisiste.

Et puis, il faut bien le dire, il y a eu parfois dans ces critiques un peu de jalousie : celle du monsieur qui annonce à tous qu'il place une mouche dans un chapeau à 25 mètres et qui, lorsqu'il s'est essayé pour le concours s'est aperçu qu'il devait rester dans l'ombre.

Voici, à titre d'indication, les plus grandes distances atteintes dans les concours de lancer qui ont été tenus en France :

Mouche à saumon distance :
    M. W.-M. PLÉVINS, 44 mètres.

Mouche à saumon distance (obstacle arrière) :
    M. D.-E. CAMPBELL MUIR, 38 mètres.

Mouche à truite distance :
    M. Lucien PERRUCHE, 33 mètres.

Mouche à truite distance (canne légère) :
    M. Harold HARDY, 29 m. 25.

Mouche à truite distance (obstacle arrière) :
    M. R.-D. HUGHES, 32 mètres.

LES MOUCHES

L'ENTOMOLOGIE DU PÊCHEUR

Le point le plus controversé en matière de pêche à la truite est l'importance du choix de la mouche par rapport au chiffre des captures. Quelques auteurs et un certain nombre de pêcheurs affirment que 5 ou 6 modèles suffisent et que si la truite est disposée, elle prendra l'appât quel qu'il soit. Les partisans de cette théorie se contredisent eux-mêmes puisqu'ils admettent que 5 ou 6 modèles ont plus de chances qu'un seul, c'est qu'ils reconnaissent à la truite une faculté de discernement qu'ils lui retirent ensuite.

On estime généralement qu'un plus grand choix est nécessaire et qu'il est très important d'imiter la nature, aussi bien dans la façon dont l'appât tombe sur l'eau que dans la copie dudit appât. Il n'est pas un pêcheur de truite qui n'ait eu, dans sa vie, l'occasion de constater l'exactitude de cette conception. Pendant l'époque de la mouche de mai, les truites ont une prédilection marquée pour cet insecte, elle est facilement constatée à cause de la visibilité de la grande éphémère au corps d'ivoire. Mais on peut observer un fait analogue pour les espèces plus petites.

S'il y a en abondance plusieurs mouches sur l'eau, on voit souvent la truite ne s'intéresser qu'à une seule. Ceci est prouvé par l'observation directe et par l'examen de l'estomac des poissons capturés, qui ne contient qu'une seule espèce de mouche.

Il est certain qu'avec cinq ou six modèles, on peut pêcher toute l'année, car il y a des insectes que l'on trouve très régulièrement sur l'eau ; c'est le cas des *Olive duns*, avec quelques variations cependant.

Mais certains jours sont marqués par l'éclosion d'une formidable quantité d'éphémères. Ces éclosions soudaines sont d'ailleurs normales ; toutes ces larves vivant dans les mêmes conditions de température, de milieu, de nourriture, doivent éclore, vivre et mourir à peu près simultanément, et cela explique pourquoi ces éclosions sont parfois si abondantes et si courtes.

Pendant toute la durée de l'éclosion, la truite, affolée, monte continuellement à ces éphémères et il est bien difficile d'en capturer autrement qu'avec une imitation au moins médiocre de l'insecte dominant, sauf peut-être avec une artificielle très différente.

Si l'on prétend que la truite ne raisonne pas ainsi, il faut alors admettre qu'elle obéit à des réflexes ; mais la cause de ces réflexes est un insecte naturel ; pour que nos artificielles produisent le même effet, il faut qu'elles soient conformes à la cause. La bonne imitation est donc chose fort importante.

On a une tendance à confondre les mouches bien faites avec les mouches bien imitées ; c'est un tort, car une mouche parfaitement faite peut ne ressembler que de loin à son modèle, ou être établie dans une taille très différente.

Une mouche très laide à l'œil et apparemment mal faite peut être excellente ; mais, pour en juger, il faut quelques connaissance pratiques faciles à acquérir d'ailleurs.

On choisit la mouche en observant quel insecte est sur la rivière. S'il n'en est aucun sur l'eau. utiliser les modèles habituellement en saison à l'époque où l'on pêche ; prendre de petites mouches si le ciel est clair et l'eau transparente, plus grosses si le ciel est sombre ou l'eau trouble.

Si l'on pêche à la mouche sèche, comme on laiss⸱ l'artificielle descendre le courant sans un mouvemen la bonne imitation est indispensable. Elle est moin importante pour la pêche à la mouche noyée, où les mouvements qui lui sont imprimés par le pêcheur avec la pointe du scion lui donnent une apparence de vie.

Pour la pêche à la mouche sèche, ce que l'on doit chercher surtout, c'est une artificielle correcte dans sa forme. Cela a infiniment plus d'importance que la couleur. En effet, pour l'œil de la truite, la mouche sèche se détache en silhouette sombre sur le fond clair du ciel, la couleur ne peut généralement apparaître que par transparence et ce n'est que dans des conditions de position et d'éclairage particuliers que la couleur peut être perçue.

Nous étudierons, d'ailleurs, dans un chapitre suivant la vision de la truite, comment la lumière pénètre dans les profondeurs de l'eau et sous quel aspect l'œil immergé de la truite perçoit le monde extérieur.

L'ENTOMOLOGIE DU PÊCHEUR DE TRUITES

Toutes les familles d'insectes fournissent des modèles au pêcheur de truites ; les **Coléoptères**, l'ordre le plus nombreux, 80.000 espèces environ, est pour nous l'un des moins intéressants et qui permet le moins d'exactitude, étant donné justement le formidable nombre d'individus. Il en est de toute forme, taille et couleur. Les artificielles utilisables comme reproduction des coléoptères sont d'abord le *Coch y Bondhu* et tous les *palmers* : *Soldier palmer*, *Black palmer*, *Red palmer*, *Brown palmer*, pour ne citer que les meilleurs (n^os oo à 2) (1).

Une excellente mouche, de la famille des coléoptères, est la *Fern fly*, qui est la copie du *Telephorus lividus*, insecte au corps orangé (n^os oo, 1).

La *Peacock fly* et la *Little chap* sont la copie de petits coléoptères (*staphylinides*). (N° 2 et n^os o à 2.)

Par contre les **Nevroptères** et les **Orthonévroptères** inspirent une grande quantité de modèles : beaucoup proviennent de larves aquatiques, ce qui explique leur présence constante sur le bord des rivières. Ce sont les éphémères, les phryganes, les perles, etc. Il est des éphémères de toute taille et couleur ; ce sont les duns et les spinners, les mouches à bateau des paysans. Les éphémères (voir fig. 25) doivent ce nom à la brièveté de leur vie sous la forme adulte ; mais si l'on considère leur existence entière, on voit que la durée en est relativement longue, car elles vivent au moins un an à l'état de larve. La grande éphémère connue sous le nom de *mouche de mai*, paraît vers la fin de ce mois et dure jusqu'en fin juin. Il en est diverses variétés, en général de couleur jaunâtre ou gris verdâtre ; ce sont des insectes de forme svelte, au vol élégant, les ailes transparentes, fragiles, triangulaires et de dimensions inégales : les postérieures plus petites que les antérieures. Trois longues soies terminent leur corps. La taille varie entre

Fig. 25. — Silhouette d'éphémère.

(1) Les chiffres entre parenthèses indiquent les tailles d'hameçons qui correspondent le mieux à l'insecte naturel.

1 cent. 1/2 et 3 centimètres de longueur. Les larves sont organisées pour vivre en milieu aquatique ; elles sont carnassières, vivent dans des terriers qu'elles creusent dans le sable et dans la vase ; elles nagent avec une certaine rapidité, se servant des trois longues soies qui terminent leur corps. Quand elles sentent le moment venu de se transformer, elles grimpent le long des plantes aquatiques et viennent à la surface subir leur métamorphose. Les ailes, les pattes, les filaments de la queue sortent peu à peu de leur étui ; le nouvel insecte se sèche quelques instants au soleil, emporté au fil de l'eau, puis s'envole.

L'éphémère, ainsi parvenue à la forme ailée, subit encore une dernière mue. Elle se dépouille bientôt d'une peau mince qui couvrait tout son corps, y compris ailes et pat-

Fig. 26. — Mouche de mai.

tes. On donne à la forme ailée, pendant la période qui précède la mue, le nom de subimago, celui d'imago correspond à l'état parfait qui la suit. Cette transformation se fait avec une extraordinaire rapidité. A l'âge adulte, ces insectes ne prennent aucune nourriture et ont les pièces buccales atrophiées.

Les éphémères (voir fig. 26) apparaissent parfois en très grand nombre. Réaumur fait, dans ses *Mémoires*, le curieux récit suivant : « La quantité d'éphémères qui « remplissait l'air au-dessus de tout le courant du bras de « rivière et surtout auprès du bord où j'étais n'est ni expri- « mable, ni concevable ; mais c'est principalement autour « de moi et de ceux qui m'avaient accompagné qu'elle « était plus prodigieuse. Lorsque la neige tombe à gros « flocons et plus pressés les uns contre les autres, l'air

« n'en est pas si rempli que celui qui nous environnait
« l'était d'éphémères. A peine eussé-je resté quelques ins-
« tants à la même place, que la marche sur laquelle mes
« pieds portaient fut toute couverte d'une couche d'éphé-
« mères qui n'avait pas moins de 2 ou 3 pouces d'épais-
« seur, et qui, en certains endroits, en avait plus de 4.
« Près de la dernière marche, une étendue de la surface
« de l'eau, de 5 à 6 pieds au moins en tous sens, était
« entièrement cachée par une couche d'éphémères. Ce
« que le courant, plus lent là qu'ailleurs, en empor-

Fig. 27. — Mouche
de mai corps paille.

« tait était plus que remplacé par
« celles qui tombaient continuelle-
« ment. Plusieurs fois, je fus con-
« traint d'abandonner ma place et
« de remonter au haut de l'escalier,
« ne pouvant plus soutenir cette
« pluie d'éphémères qui ne tom-
« bant pas, ou aussi perpendiculai-
« rement qu'une pluie, ou avec une
« obliquité constante, frappait sans
« discontinuer et d'une manière
« très incommode toutes les par-
« ties de mon visage ; des éphémères entraient dans mes
« yeux, dans ma bouche, dans mon nez. » (RÉAUMUR,
Mémoires, 1743, t. II. p. 48.)

Les pêcheurs à la mouche utilisent assez peu en général la mouche de mai, ils préfèrent, avec raison,
employer des éphémerines plus petites qui se lancent
mieux contre le vent et sont tout aussi meurtrières.

Les imitations de la mouche de mai (voir fig. 27)
doivent être bien garnies en *hackle* afin de très bien
flotter. Le corps doit être en paille, ou mieux encore,
en rafia, ce qui flotte beaucoup mieux que le corps de
soie. De plus, le rafia a la teinte juste pour l'imitation
de la mouche de mai.

On fait, pour la pêche à la mouche noyée, des imitations sans ailes, uniquement garnies de hackle en plume de canard teinte jaune verdâtre très clair. Elles sont très bonnes, à la condition de ne pas être trop fournies, ce qui est malheureusement le défaut habituel.

Les éphémères parvenues à l'état d'imago volent en quantités importantes aux alentours de la rivière dont elles sortent. C'est surtout près des buissons abrités du vent par une haie ou une rangée d'arbres que l'on trouve des essaims d'éphémères. Le vol de ces insectes est très caractéristique. Il comporte des montées et des descentes alternatives de longueur presque régulière.

C'est alors que mâles et femelles s'accouplent. Les femelles fécondées retournent à la rivière où elles déposent leurs œufs, ensuite, l'œuvre de reproduction accomplie, elles tombent sans force sur la rivière, épuisées, les ailes à plat sur l'eau et meurent.

C'est le dernier stade de la vie de l'éphémère, celui où elle se trouve à l'état de spent gnat.

Les truites prennent fort bien les spent gnats qui dérivent avec le courant ; les gros poissons en semblent particulièrement friands.

On trouvera au chapitre sur la fabrication des mouches la description d'un modèle de spent gnat qui m'a donné des résultats remarquables.

Ici se place une remarque importante au point de vue du choix des éphémères artificielles ; les mâles ne se trouvent guère sur la rivière qu'au moment de l'éclosion, c'est-à-dire quand ils sortent de l'eau à l'état de subimago. Ils n'y reviennent ensuite qu'accidentellement, car à l'inverse des femelles, ils n'y ont rien à faire.

Les pêcheurs de truites qui poussent le souci de l'exactitude jusqu'à la distinction des sexes dans leurs artificielles peuvent donc sans hésitation supprimer la copie des mâles, celle des femelles étant d'un emploi plus logique et beaucoup plus général.

La suite des transformations de la mouche de mai qui est décrite plus haut se reproduit très exactement pour les éphémérines de plus petite taille, mais les divers stades sont évidemment plus difficiles à observer.

Pour chaque espèce on peut avec un peu d'attention distinguer les diverses périodes de leur vie d'insecte :

1° Subimago mâle et femelle ;

2° Imago mâle et femelle ;

3° Spent gnat mâle et femelle.

On confond généralement dans l'imitation les deux derniers états et c'est sous la forme de spent gnat que les petites espèces d'éphémères à l'état d'imago sont imitées.

Voici le tableau des principales mouches des **Névroptères** et des **Orthonévroptères** avec, pour certaines espèces, les numéros d'hameçons qui correspondent le mieux à la taille de l'insecte naturel.

Éphémères :

Ephemera danica (Mouche de mai, Green may fly, n° 3).

Ephemera vulgata (Brown May fly, Spent Gnat, etc., n° 3).

Cloëon pumila (Pale Evening Dun, n°s 0 et 1).

Cloëon auliciformis (Sky blue, n°s 00 et 000).

Cloëon diptera (Subimago : Iron blue dun ; Imago : Jenny Spinner, n°s 00 et 000).

Cloëon ochracea (Whirling Blue Dun, n°s 0, 1, 2).

Cloëon fuscata (Little pale blue dun, n°s 0 et 1).

Potamanthus rufescens (Subimago : Blue dun ; Imago : Red spinner, n°s 1 et 2).

Baetis longicauda (Subimago : March Brown ; Imago : Great Red Spinner, n°s 2, 3, 4).

Baetis fluminum (August Dun).

Baetis sulphurea (Orange Dun, n°s 1 ou 2).

*Baetis vernus, Baetis rhodani, Baetis tenax, Baetis atre-
banitus* [Série des olive duns (subimago) et des olive
spinners (imago)].

*Baetis binoculatus, Centroptilum luteolum, Baetis
scambus* (Pale Watery Dun ; Pale Watery Spinner,
n^os ooo à o).

Ephemerella ignita (Blue Winged Olive Dun, Sherry
Spinner, n^os o à 1).

Phryganides ou Trichoptères :

Brachycentrus subnubitus (Grannom).
Limnophilus flavus (Sand Fly, n° 1).
Limnophilus stigmatus (Cinnamon Fly, n° 2).
Odontocerum albicorne (Grey Sedge).
Phryganea grandis, Phryganea striata (Large Red
Sedge, n°s 1 et 2).
Drusus annulatus, Chaeopterix villosa (Small Dark
Sedge).
Rhiacophila dorsalis (Medium Sedge).
Mystacides nigra (Black Silver Horns).
Leptocerus cinereus (Brown Silver Horns).
Sericostoma personatum (Welshman's Button, n°s 1 à
4).

Perles et Nemoures :

Perla marginata (Stone fly, n°s 4, 5 ou 6).
Semblis lutarius (Alder fly, n°s 1, 2, 3, 4).
Sialis lutaria (Alder, silica horns).
Chloroperla grammatica (Yellow Sally).
Nemoura nebulosa (Red Fly).
Leuctra geniculata (Willow Fly, n° o).

C'est à la série des mouches imitées des Éphémères
que l'on emprunte les modèles indispensables qui correspondent aux insectes répandus en grandes quantités
et très appréciés des truites.

Il faut placer en première lignes les imitations des *Baetis vernus, rhodani et tenax* : la série des *Olive duns* : *Pale olive dun, Medium olive dun, Dark olive dun* et les variétés : *Hare's ear, Gold ribbed Hare's ear, Hare's ear quill, Hackle olive quill*, etc.

Les éphémères du genre *Potamantus* qui ont été décrites par Pictet sont assez communes en Angleterre, en Belgique, en France et en Suisse. Les artificielles du type *Blue Dun* en sont une imitation générale.

Les éphérnères du genre *Cloëon* sont aussi assez répandues dans nos pays. Le *Cloëon diptera* (Iron Blue Dun) apparaît souvent en quantités assez importantes entre Avril et Juin et se réfugie parfois dans les maisons. L'imago (Jenny Spinner) est généralement très mal imité.

L'Ephemerella ignita (subimago : Blue Winged Olive Dun ; imago (Sherry Spinner) est aussi très répandue en France, l'imitation correcte du subimago est excessivement difficile à obtenir.

Les personnes aimant la simplicité peuvent se contenter des modèles ci-dessus. Celles que n'effraient pas quelques complications doivent y ajouter quelques éphémères spéciales très utiles : *Little pale blue dun, August dun, Whirling blue dun, Pale watery dun*.

Toutes ces artificielles doivent être montées avec les ailes droites ; au contraire, les *Sedges* doivent avoir les ailes couchées.

L'éphémère connue sous le nom de *March Brown* est excessivement commune en Angleterre où elle apparaît vers la fin mars et reste en saison jusqu'aux premiers beaux jours de mai. Elle n'existe pour ainsi dire pas en France. Sur certaines rivières, la Touques, notamment, les indigènes donnent le nom de March brown à un insecte qui apparaît en très grande quantité dans les premiers jours d'avril. En réalité, il s'agit d'un petit trichoptère qui ne se trouve lui-même que sur très peu de rivières mais où on le rencontre alors en quantités extraordinaires : c'est le Brachycentrus subnubilus ou Grannum.

Parmi les **Phryganides** ou **Trichoptères** les plus répandus en France sont ceux des genres *Drusus, Odontocerum, Rhiacophila Potamanthus, Phryganea, Limnophilus, Sericostoma.*

Les imitations spécifiques ne sont pas nécessaires, on utilise généralement parmi les Sedge flies les principaux modèles suivants : *Great Red Sedge, Orange Sedge,*

Fig. 28. —Willow-fly.

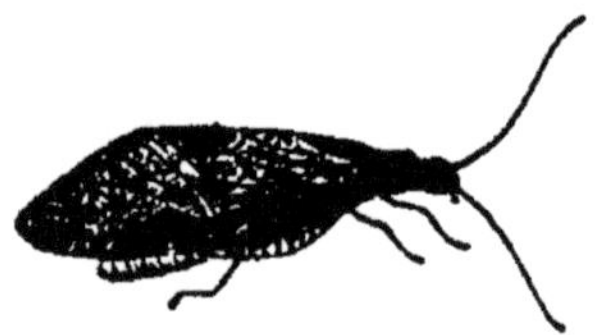

Fig. 29. — Alder-fly.

Silver Sedge, Brown Sedge, Cinnamon Sedge, Dark Sedge, Small Dark Sedge.

Les principales imitations spécifiques de **Trichoptères**, sont les suivantes : Le *Grannom,* le *Welshman's Button,* les *Black* et *Brown Silverhorns.*

C'est généralement parmi les *trichoptères* que l'on trouve les meilleures mouches du soir. Leur taille est en moyenne supérieure à celle des Ephémères.

Parmi les **Perles** et **Nemoures,** il convient de signaler les insectes du genre Perla (Mouches de Pierre). Leur grande taille fait qu'elles sont très peu employées par les pêcheurs à la mouche sèche, la grossièreté du piège étant trop apparente dans une grande artificielle privée de mouvement. Il en existe toutefois de petites espèces qui sont assez intéressantes à utiliser : Par exemple la *Willow Fly* (voir fig. 28).

Dans la même classe, l'*Alder* (*Sialis Lutaria,* voir

fig. 29) mérite une remarque spéciale car il est excessivement commun et très bien pris par les truites. On le rencontre de mai à juillet.

La famille des **Diptères** fournit aussi un certain nombre de modèles que l'on trouve habituellement sur les rivières. Il importe de bien remarquer que les mouches étudiées plus haut dans la famille des Névroptères sont des mouches d'eau, que leurs larves vivent dans les rivières, et que les insectes parfaits s'en écartent peu et, en tout cas, y reviennent pondre et mourir. Ici, au contraire, nous avons des mouches terrestres qui se trouvent assez souvent près des rivières, mais à peine en plus grand nombre qu'au milieu des champs. Leur utilisation est surtout marquée pour les jours de pluie ou de vent qui peuvent les précipiter sur l'eau. Les principales sont la *Cowdung* (*Scatophaga stercoraria* et *Scatophaga striata*), ou mouche de bouse de vache. Elle donne de bons résultats par les jours de vent au début de la saison (hameçon n° 1 ou 2). La *Hawthorn fly*, imitation du *Bibio marci*, insecte noir et velu, de 13 millimètres de long environ ; il apparaît, vers la fin d'avril, parfois en quantités considérables ; on le trouve souvent sur l'eau après les pluies tièdes du printemps. La *Gravel Bed fly*, imitation de l'*Anisomera obscura* (hameçon n° 1). La mouche de chêne ou *Oak fly* (*Leptis scolopacea*), qui est commune partout. Les *Black gnats*, petites mouches noires très utiles. (*Ramphomya œthiops*), hameçons ooo, oo et 1. La *Blue bottle* imite la mouche bleue de viande, réussit parfois, tout à fait à la fin de la saison. Les *Palmers* peuvent également servir d'imitation à certains diptères.

*
* *

De la famille des **Hyménoptères**, on imite les fourmis ailées ; la meilleure est la *Brown ant*, puis la *Black ant* et la *Red ant.* Hameçons n° 1. On peut ajouter la mouche appelée Horrock.

Parmi les **Hémyptères**, on ne copie guère, sous le nom de *Wren-tail*, que l'*Aphrophora spumaria* ; cet insecte se trouve dans l'écume que l'on voit, au printemps, sur les arbres et les plantes. La larve ne peut vivre longtemps hors de son enveloppe écumeuse ; c'est là qu'elle se transforme en nymphe, puis change de peau pour devenir insecte parfait. C'est en septembre que ces insectes sont le plus abondants. « Elle est d'une « couleur brune, dit Geoffroy, souvent un peu verdâtre, « sa tête, son corselet et ses étuis sont finement pointillés, « sur ces derniers, on voit deux taches blanches, oblon- « gues et transverses interrompues ; le dessous de l'insecte « est d'un brun clair. » (**Geoffroy**, *Histoire abrégée des Insectes*, an VII de la République, tome I, p. 416.)

L'imitation des Hyménoptères, comme celle des Coléoptères, est, dans la plupart des cas, impossible ; on y remédie en utilisant des mouches qui ont un caractère général et ne sont pas des imitations spécifiques. C'est le cas des *Palmers* et des *Hackle flies*. La *Wren-tail*, dont il est question, quelques lignes plus haut, est très mal imitée. Aussi, il est préférable d'avoir une collection de *Palmers* et de *Hackle flies* de toutes tailles et couleurs dans laquelle on choisit au moment de l'usage.

La famille des **Lépidoptères**, qui comprend les papillons, fournit très peu de modèles. Ce sont les *White moth* et *Brown moth*, copie de petits papillons blancs et bruns. Le *White moth* a une certaine réputation pour la pêche du soir et la pêche de nuit.

La famille des **Orthoptères** ne fournit d'autre modèle pour la pêche de la truite à la mouche que les sauterelles en caoutchouc qui, d'ailleurs, ne donnent pas de résul_ tats.

En dehors de ces mouches, qui sont des imitations

voulues d'insectes naturels, il existe une très grande quantité de mouches de fantaisie, dont beaucoup sont excellentes. L'une d'elles, la *Wickham's fancy*, mérite une remarque spéciale : montée sur de petits hameçons o et oo, elle donne des résultats merveilleux, particulièrement en été, sur les eaux claires. On peut signaler aussi le *Pink Wickham*, la *Hofland's fancy*, qui donnent de bons résultats en mars ; la *Greenwell's Glory*, bonne toute l'année et partout ; la *Coachman* (cocher), qui, paraît-il, a été inventée par un cocher, pêcheur renommé, d'où son nom (1) ; elle donne de bons résultats dans la pêche du soir ; la *Governor*, la mouche *Professor*, la *Flight's fancy* et *Toppy's fancy*, etc.

A ces mouches de fantaisie, on peut ajouter les mouches dont j'ai parlé plus haut et qui correspondent vaguement à un grand nombre d'insectes dont l'imitation est impossible. Ce sont les Palmers ; les plus recommandables sont les suivants :

Black Palmer, Brown Palmer, Grey Palmer, Golden Palmer, Soldier Palmer, Black Silver Palmer, Brown Partridge, Grey Partridge. Un modèle de ces Palmers est particulièrement meurtrier en été : c'est la *Red Palmer*, montée sur de petits hameçons o et oo.

Certains pêcheurs utilisent maintenant des mouches spéciales pour la pêche de la truite : elles sont désignées sous le nom général de mouches brillantes. Le type le plus ancien en est très connu : c'est l'*Alexandra*. On fait maintenant des artificielles sur le modèle des mouches à saumon, mais de taille beaucoup moindre; hameçons n°s 2, 3, 4 ou 5. Inutile de dire que ces appats servent à pêcher à la mouche noyée. Les résultats sont, paraît-il, satisfaisants.

On aura intérêt à garder une collection des mouches

(1) Il s'agirait de Tom Bosworth qui fut cocher royal des rois Georges IV, William IV et de la reine Victoria.

M. J. Rennie, ancien Président du Fly Fishers Club de Londres, épuisant une belle truite sur la Kennet. (Cliché *Farlow*.)

naturelles que l'on rencontre habituellement sur la rivière où l'on pêche.

Pour la conservation de ces insectes, on se trouvera bien de la formule indiquée par M. Halford :

On fait dissoudre à saturation du menthol cristallisé dans le mélange suivant :

```
Alcool . . . . . . . . . .  100 grammes
Solution  d'aldéhyde  formique  à
    2 p. 100 . . . . . . . . .  200      —
```

' On plonge dans le liquide ainsi obtenu les insectes dont on s'est emparé en ayant soin de ne pas les y laisser séjourner plus de six heures, ceci afin de ne pas altérer leurs couleurs.

On les transvase alors dans de petits tubes de verre contenant une solution dans l'eau d'aldéhyde formique à 2 p. 100, dans laquelle ils se conserveront indéfiniment.

Si l'on veut ensuite utiliser cette collection de mouches naturelles pour les copier soi-même ou les faire copier, on se trouvera bien, en vue de l'identification des teintes, de l'emploi d'une échelle de couleurs. Surtout pour les nuances indéterminées : les vert olive, les bruns, qui existent en tons nombreux, très différents, englobés sous le même nom, il est fort utile de remplacer ces dénominations vagues par une indication plus précise.

J'utilise dans ce but une échelle de couleurs qui a été établie précisément pour servir de référence aux naturalistes : *le Code des Couleurs* de MM. Klincksieck et Valette qui comporte 720 échantillons de tons classés suivant la méthode de Chevreul et dont je ne saurais trop recommander l'emploi.

LES MOUCHES A TRUITES

Renseignements généraux
et emploi des termes anglais.

Il n'existe pas en France de noms populaires pour désigner les insectes dont les imitations sont employées par les pêcheurs de truites. Comme on ne peut songer à employer les dénominations scientifiques, force est de les désigner par leurs noms anglais.

Il me paraît donc utile de donner quelques renseignements sur les mots qui reviennent le plus souvent dans le titre des mouches :

Dun est un terme général pour désigner les éphémérines à l'état de subimago. On le traduit souvent par *Taon*, mais ce n'est pas le mot propre. Ce mot dun est accompagné d'un terme spécifique : par exemple : *July Dun* : éphémère de juillet (*Baetis obscura*); *Iron Blue Dun* : éphémère bleu de fer (*Clocon diptera*).

La série des *olive duns* de nuance générale verdâtre est établie en diverses teintes, on rencontre dans le com_ merce :

Pale olive dun : éphémère olive nuance pâle.

Medium olive dun : éphémère olive nuance moyenne.

Dark olive dun : éphémère olive nuance foncée.

Spinner — Ce terme caractérise les éphémères parvenues à l'état d'imago.

Il est employé dans le même sens que *dun* et s'applique à l'insecte parfait ; par exemple : *Sherry spinner*, éphémère cerise, *imago* du *Blue winged olive dun* ; *Great Red spinner*, grande éphémère rouge, *imago* du *March brown*.

Pour certaines espèces d'éphémères, le mâle et la femelle présentent des différences suffisantes pour qu'un sportsman difficile exige les imitations spécifiques de chaque sexe. Par exemple, à l'*ephemerella Ignita* correspondent quatre artificielles :

Subimago : *Blue winged olive dun*, mâle.
Blue winged olive dun, femelle.

Imago : *Sherry spinner*, mâle.
Sherry spinner, femelle.

De ces imitations, le spinner mâle est le moins utile car il est très rare d'en voir sur l'eau ; on les rencontre presque toujours à une faible distance de la rivière.

Enfin le *Spent gnat* (voir fig. 3o) correspond au dernier stade de la vie du spinner femelle. Après la ponte, l'imago tombe épuisé sur l'eau, les ailes étendues à plat, c'est le *spent gnat*, on reproduit pour la pêche surtout celui de la mouche de mai.

Fig. 3o. — Spent Gnat.

Cependant, bien des éphémères imitées à l'état de *spent gnat* seraient utiles car souvent, le soir, on voit les truites moucheronner sans relâche et il est impossible de voir ce qu'elles prennent. C'est souvent à une éphémère à l'état de *spent gnat* qu'elles s'attaquent.

Le mot **Fly** se traduit par mouche, pluriel *flies*. C'est le terme le plus général.

On comprend, sous le nom de **Sedge flies**, les artificielles imitant les *phryganes*. Il en existe diverses variétés qui ont été énumérées plus haut ; par exemple : *Red sedge, Grey sedge, Small dark sedge, Medium sedge*, etc.

Le mot **palmer** signifie chenille. Il en existe un grand nombre de modèles, ce sont les mouches dites araignées (voir fig. 31).

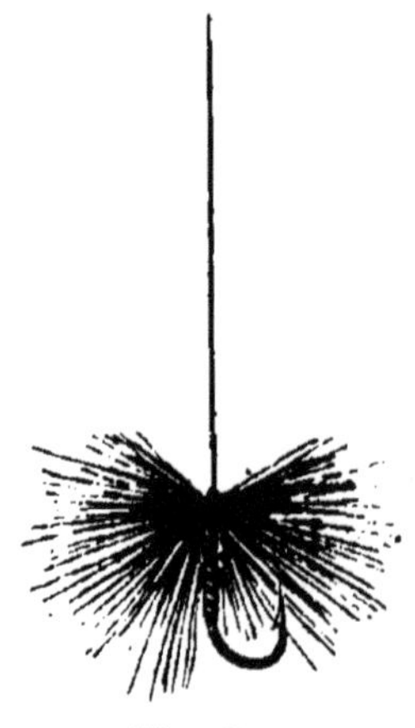

Fig. 31.
Mouche-araignée.

On désigne sous le nom de **Hackle** les poils raides et brillants qui figurent les pattes des mouches.

Ce *hackle* est emprunté au plumage du coq : ce sont les plumes allongées du collier et celles du dos. On les emploie de toutes les teintes : blanches, noires, rouges, grises, ces dernières sont très difficiles à obtenir d'une nuance uniforme. Les plumes rouges portant au centre une bande noire sont dénommées Coch-y-Bondhu.

Les **Hackle flies** sont comme les *palmers* des mouches sans ailes, mais la plume, au lieu d'être enroulée sur toute la longueur du corps, est ramassée à la tête seulement.

Les fabricants tiennent d'ailleurs assez peu de compte de cette distinction.

On désigne sous le nom de **quill** les languettes cornées, transparentes, tirées du tube des grandes plumes et qui, une fois teint, est utilisé pour le corps des éphémères artificielles.

Les corps en *quill* sont, à mon avis, un très bon élément d'imitation, car ce produit a la transparence voulue.

Les mouches dont le nom comporte le mot *quill* sont donc imitées avec ce produit. Par exemple, un *Medium olive quill* est un *Medium olive dun* dont le corps est établi en *quill*.

Les petits moucherons imperceptibles que la truite dévore avec avidité lorsqu'elle est dite *smutting* sont les **gnats, smuts** ou **midges**.

Naturellement les artificielles, bien que montées sur hameçon ooo, sont incomparablement plus grandes que leurs modèles, aussi il ne faut guère espérer de sport de ces artificielles, mais il est bon cependant d'en avoir en portefeuille quelques modèles pour les chaudes journées d'été.

Enfin, l'expression **Fancy** caractérise les mouches de fantaisie. Exemple : *Wickham's fancy :* fantaisie de Wickam ; *Hofland's fancy :* fantaisie d'Hofland.

LA FABRICATION DES MOUCHES ARTIFICIELLES

Aucun auteur français n'a encore publié d'étude détaillée de la fabrication des mouches artificielles pour truites et saumons. Le cadre restreint de la première édition de ce livre ne m'avait pas permis de le faire. J'y avais exprimé cette opinion qu'un pêcheur accompli doit connaître les principes de la fabrication des mouches et être capable de monter au moins une mouche-araignée afin d'être à même de suppléer en n'importe quelles circonstances au manque de munitions, d'autant plus qu'il se produira toujours dans des circonstances où il sera le plus regrettable d'en être dépourvu.

La nombreuse correspondance que j'ai reçue à ce sujet et les multiples demandes qui m'ont été adressées m'ont démontré qu'il était indispensable de réserver un chapitre à la fabrication des mouches artificielles et que ces détails seraient bien accueillis des sportmen. C'est pour cette raison que cette question a reçu ici quelque développement.

LE MATÉRIEL

1° **L'étau.** — On faisait autrefois les mouches sans l'emploi de l'étau, en maintenant simplement entre les doigts la tige de l'hameçon. Cette méthode se trouve notamment décrite dans « The Salmon Fly » de *Geo. M. Kelson.*

Comme il est incomparablement plus commode et

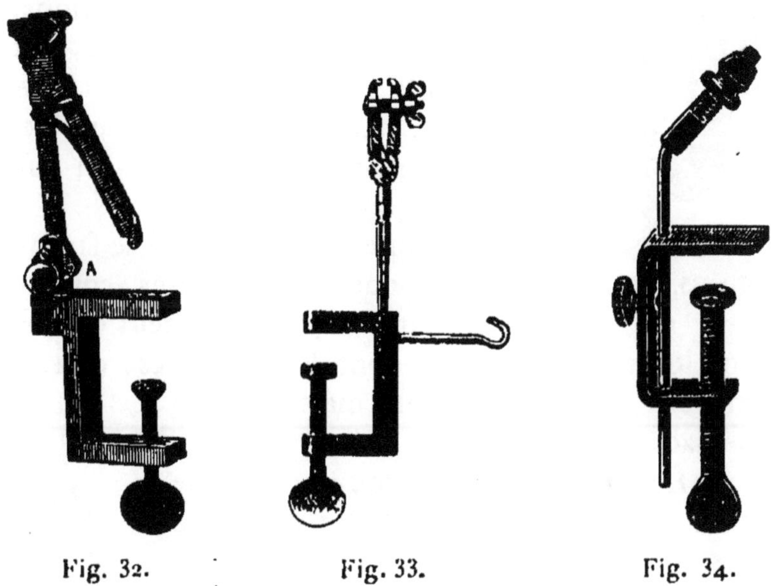

Fig. 32.   Fig. 33.   Fig. 34.

plus facile de monter les mouches en se servant de l'étau, c'est cette méthode que je décrirai ici.

Les marchands d'articles de pêche procurent tous les types plus ou moins perfectionnés qui ont été imaginés (voir fig. 32, 33, 34 et 35). Les modèles préférés actuellement sont du type de l'étau « Hawksley » de F. M. Halford.

Pour mon usage personnel j'ai employé longtemps un petit étau d'horloger dont je fixais la tige dans un autre plus grand vissé lui-même à la table sur laquelle je travaillais, ce qui me permettait de donner aux mâchoires maintenant l'hameçon toutes les inclinaisons possibles.

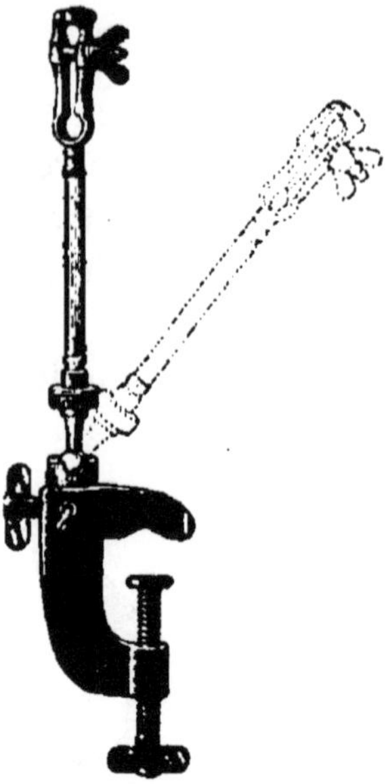

On trouve dans le commerce depuis peu de temps un nouvel étau appelé *Solo* (voir fig. 35) qui me paraît d'une conception particulièrement ingénieuse. Il est monté sur une rotule qui permet de l'incliner dans toutes les positions. De plus la forme de son pied est telle qu'il peut être fixé aussi bien à une table, qu'à une barrière, le montant d'une fenêtre, un guidon de bicyclette, etc.

On en fait aussi qui se fixent sur le pouce et sont très commodes pour le voyage. On peut également employer la pince-étau dont le serrage est obtenu au moyen d'un coulant en métal qui se déplace le long de la poignée.

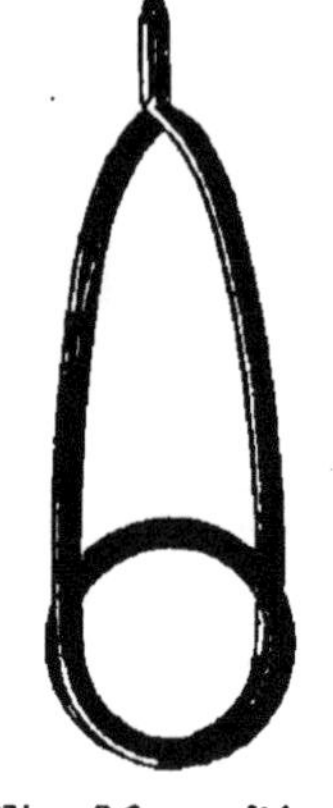
Fig. 35. — Etau « Solo ».

2° Les pinces. — On trouve de même chez les marchands d'articles de pêche des pinces à ressort (voir fig. 36) destinées à saisir et maintenir les fils de soie ou de laine ou les plumes, notamment les hackles.

Il faut choisir des pinces avec beaucoup de soin, car c'est de leur aptitude à tenir solidement la pointe des hackles sans les lâcher ou sans les couper que dépend la commodité de travail.

Fig. 36. — *Pinces à ressort.*

On trouvera chez les fabricants d'instruments de chirurgie une petite pince à ressort très pratique pour l'emploi qui nous occupe (pince de Barr).

3° **Ciseaux**. — Il est utile d'avoir deux paires de petits ciseaux : l'une à lames droites, l'autre à lames courbes.

4° **Divers petits instruments** devront se trouver à portée de la main : une petite pince dite brucelle, une aiguille montée sur une petite poignée, un petit couteau de poche bien tranchant.

5° **Hameçons**. — Les hameçons à œillet sont maintenant les seuls utilisés. Leur forme et taille dépend évidemment du modèle que l'on se propose de reproduire.

6° **La soie**. — La soie destinée au montage proprement dit de la mouche doit être sélectionnée avec le plus grand soin. Il la faut à la fois aussi fine et aussi résistante à la traction que cela est possible.

Le mieux est de se procurer chez un marchand d'articles de pêche de la véritable *Pearsall's Fly tying silk*.

Comme cette soie n'apparaît pour ainsi dire pas à l'extérieur de la mouche, sauf à la tête où elle est masquée par des vernis, la teinte à choisir importe peu.

7° **La cire**. — Au moment de son utilisation la soie doit être cirée. Ceci pour la raison suivante : Après chaque tour effectué soit sur l'hameçon, soit sur le corps de la mouche pour y fixer : les ailes, le hackle qui figurera les pattes, ou tout autre chose, la soie n'est plus maintenue que par la traction qui est exercée sur elle avec les doigts et si celle-ci vient à se relâcher une seconde, on est exposé à voir se détacher de la mouche ce que l'on vient de fixer. Si au contraire la soie est cirée, ce risque est moins à craindre, l'adhérence étant meilleure.

La plupart des pêcheurs se contentent de frotter entre les doigts avec un petit morceau de cire la soie qu'ils vont utiliser. On conçoit que l'on ait intérêt à l'imprégner d'un produit plus adhésif qui donnera à chaque tour effectué une grande stabilité, aussi je crois bien faire en indiquant ici une formule de cire adhésive qui m'a donné les meilleurs résultats : on chauffe à 100° au bain-marie 20 centimètres cubes d'essence de térébenthine, on y ajoute 35 grammes de colophane bien pulvérisée et agite jusqu'à dissolution, ce qui demande quelques minutes. On ajoute alors et à chaud 5 centimètres cubes d'huile de lin et agite pour bien mélanger. Après refroidissement le produit est prêt à l'emploi. Pour en faciliter l'usage le mieux est de le garder dans de petits tubes d'étain comme ceux utilisés dans le commerce des couleurs. On pourra se procurer ces tubes pour quelques centimes à la Maison Guyot, 10, rue du Parc-Royal à Paris. Il est très facile de les remplir soi-même et de les fermer ensuite avec une petite pince plate ordinaire.

8° **Le vernis**. — Pour terminer les mouches il est d'usage d'imbiber la tête d'une goutte de vernis qui englobera les derniers tours effectués avec la soie et les fixera définitivement. On peut utiliser pour cela du vernis copal ordinaire à l'alcool ou mieux encore du vernis au celluloïd que l'on préparera ainsi : on mélange 50 centimètres cubes d'acétone et 50 centimètres cubes d'acétate d'amyle que l'on place dans un flacon bien bouché et on y ajoute 10 grammes de celluloïd. On laisse en contact en agitant de temps en temps jusqu'à dissolution complète ce qui demande plusieurs heures. Si ce vernis est jugé trop fluide ou trop épais, il est facile de modifier sa viscosité en réduisant ou augmentant la proportion de celluloïd.

9° **Les corps des mouches** sont faits avec divers matériaux :

La *soie* est à rejeter dans la plupart des cas (1). En

(1) Ne pas confondre la soie qui pourrait être employée pour faire le corps des mouches avec celle dont il est parlé plus haut pour le montage mais qui n'apparaît pas dans l'aspect extérieur de l'artificielle.

effet les soies teintes changent de couleur une fois mouillées, on ne peut donc utiliser que les teintes foncées : noirs, bruns, par exemple car les teintes pâles seraient complètement modifiées par l'action de l'eau ou même de l'huile de vaseline du vaporisateur des pêcheurs à la mouche sèche.

Les meilleures soies pour le montage des mouches sont celles que la maison Pearsall livre dans les teintes les plus diverses sous le nom de Floss silk. Ces soies sont très agréables à employer et permettent de donner au corps très exactement la forme et le volume désiré.

La *laine* absorbe l'eau plus difficilement que la soie ce qui en permet un emploi plus général dans le montage des mouches flottantes. De plus elle prend très bien la teinture et change à peine de coloration par imbibition à l'eau. Ces qualités en font un excellent produit. C'est sous la forme de fils non tressés qu'elle est le plus agréable à employer.

Les fabricants anglais vendent en diverses teintes sous le nom de mohair une laine spéciale non filée dont l'emploi est très facile et qui fait d'excellents corps.

La *fourrure* est excellente pour l'usage qui nous occupe.

On utilise surtout celle de la tête et des oreilles du lièvre, celle du lapin, de la taupe, du rat d'eau, de certaines races de jeunes chiens : cockers, setters, épagneuls, etc., les soies du porc, etc.

La fourrure prend très bien la teinture et il est possible par des mélanges judicieux de fourrures de diverses teintes d'obtenir exactement la couleur cherchée. Ces teintes ne sont pas modifiées par l'eau.

Les corps en fourrure sont particulièrement désignés pour le corps des grosses mouches flottantes ou noyées :

les imitations de phryganes ou sedges, la confection des mouches pour la truite de mer et la truite de lac.

Elle permet de monter des mouches sèches ne comportant pas de hackle et qui flottent admirablement. Il faut cependant noter qu'une fois mouillées ces artificielles sont excessivement difficiles à sécher.

Le *crin de cheval* est employé pour quelques mouches de petite taille ; duns et spinners, sa transparence en fait un produit intéressant, malheureusement il prend assez mal la teinture.

On peut également monter des corps avec de la florence de même qu'avec le crin de cheval, la florence prend d'ailleurs mieux la teinture.

Le *rafia* que l'on peut se procurer à peu de frais chez tous les fleuristes est aussi d'un excellent usage.

La couleur naturelle de la mouche de mai est imitée à merveille par le rafia. Si l'on prend soin de vernir le corps avec le vernis au celluloïd indiqué plus haut, on peut prétendre réaliser une imitation parfaite du corps de la grande éphémère.

Le rafia prend très bien la teinture et ne change pas de couleur à l'eau.

Le *caoutchouc* permet aussi des imitations intéressantes. On l'emploie vulcanisé ou non et sous forme de feuilles très minces découpées en étroites languettes. On en recouvre un corps déjà esquissé en laine de couleur et dont la teinte apparaîtra par transparence d'une manière très heureuse. Le corps prend de plus une apparence de réalité remarquable.

Il est surtout à recommander pour le montage des mouches noyées.

Le *Quill* jouit d'une grande faveur et la plupart des artificielles vendues dans le commerce pour imitations des petites éphémères sont montées avec des corps en quill.

Le quill constitue la partie extérieure de la tige des grandes plumes des oiseaux. On l'enlève le long de ces tiges sous forme de languettes cornées que l'on détache au moyen d'un canif bien tranchant.

Il prend bien la teinture et ne change absolument pas par l'action de l'eau.

M. Halford recommande l'emploi de quill de condor. Or celui-ci est très coûteux et en fait, c'est surtout celui retiré le long des grandes plumes ocellées de la queue du paon qui est utilisé.

Les *barbes de plume* d'autruche et de paon sont employées pour le corps de quelques mouches, notamment : *Coch-y- Bondhu*, *Red Palmer*, *Black Palmer*, *Peacock Fly*, *Thorn Fly*, *Francis Fly*, etc. Les artificielles ainsi faites flottent fort bien mais une fois mouillées sont très difficiles à sécher.

Des *fils métalliques* dorés ou argentés complètent les matériaux nécessaires au montage des corps. On peut les obtenir, soit chez les marchands d'articles de pêche, soit chez les fabricants de matières premières pour passementerie. Il faut prendre des fils ronds et des fils plats de différentes épaisseurs pour les accorder à la dimension du corps de la mouche qu'il s'agit de garnir.

Ces fils métalliques sont dénommés Tinsel en anglais.

10°. **Les hackles.** — On nomme ainsi les plumes qui servent à former les pattes et les poils du corps des mouches.

Le choix et la recherche des hackles est sans contredit ce qu'il y a de plus délicat et de plus important dans l'approvisionnement en matériaux pour la fabrication des mouches. C'est surtout de ce choix que dépendra la facilité d'exécution des modèles et leur bonne tenue sur l'eau.

Voici les principales plumes employées comme hackle :

Hackles de Coq, — Ce sont les plumes brillantes du

cou et de la tête. Ce sont les plus employés et les plus utiles. On en emploie en diverses teintes, voici les plus fréquentes :

Red hackle : appelé improprement red car, la teinte ainsi dénommée est en réalité d'une teinte rousse franche.

Furnace hackle : même plume que la précédente mais marquée sur toute sa longueur d'une bande centrale noire.

Coch-y-Bondhu hackle : même plume que la précédente mais les parties latérales de la plume sont également marquées de noir.

Ginger hackle : hackle de coq de teinté roux très pâle.

Black hackle : plume de teinte unie noire naturelle.

Ces hackles de coq sont les plus utilisés, toutefois on en emploie une quantité d'autres de diverses couleurs. La recherche de ces plumes d'une teinte exactement déterminée est très longue et fastidieuse, aussi mon avis sur ce point est très net : Pour éviter une perte de temps et un travail sans intérêt, il faut recourir aux plumes teintes artificiellement. On trouvera plus loin au paragraphe « teinture » tous les renseignements utiles.

On utilisera aussi les hackles de poules communes, surtout pour la confection des mouches noyées. Les plumes de coq assurent une meilleure flottabilité aux mouches sèches.

Comme hackle, on utilise encore :

Les plumes ponctuées de noir de la poitrine de la perdrix grise ou rouge (*Grey Partridge* ou *Brown Partridge*). Les plumes également ponctuées de noir de la poitrine du canard sauvage et de la sarcelle.

Des petites plumes prises sous l'aile de la bécassine, du sansonnet.

Enfin diverses plumes prises notamment aux pluviers, mouettes, hirondelles de mer, courlis, gélinottes, bécasses, coucous, râles de genêts, coqs de bruyère, etc.

11° **Les ailes**. — Pour l'imitation des ailes des mouches à truite, on emploie des barbes de plumes d'ailes de l'étourneau, de l'alouette, de la bécasse, du merle, de l'hirondelle de mer, de la poule d'eau, de la perdrix, de la poule faisane, du râle de genêts, du hibou, du coq et de la poule commune.

On emploie aussi pour certaines imitations des plumes entières : c'est ainsi que les ailes des mouches de mai sont généralement montées avec des plumes entières de canard ou de sarcelle, les ailes de la Turkey Brown avec de petites plumes de perdrix.

Enfin depuis ces dernières années, on a pris l'habitude de monter les imitations de spinners en employant pour les ailes des pointes de hackle de coq ou de poule.

La conservation des plumes que l'on accumule ainsi pour le montage de ses mouches est très difficile. Le camphre et la naphtaline que l'on emploie habituellement ne donnent pas une sécurité complète. Le dichlorobenzène cristallisé donne de meilleurs résultats, mais il disparaît par lente sublimation assez vite pour que l'on puisse craindre des surprises. La méthode qui m'a donné les meilleurs résultats consiste à vaporiser les plumes à préserver au moyen d'une solution de bichlorure de mercure à 2 p. 100 dans de l'alcool à 50°. Il est nécessaire d'employer pour cela un vaporisateur entièrement en verre que l'on se procurera facilement chez les marchands d'appareils de laboratoire. Il faut faire cette opération au dehors de façon à éviter l'absorption de la solution de sel de mercure pulvérisé qui est toxique.

12° **La teinture**. — Beaucoup de pêcheurs de truites qui montent eux-mêmes leurs mouches sont hostiles à l'emploi des matériaux teints. Leurs essais de teinture de matériaux pour mouches leur ont donné en général de mauvais résultats et ils s'appuient sur quelques essais personnels malheureux pour décréter que l'emploi des matériaux teints est à rejeter absolument. C'est une complète erreur qui n'a d'autre cause que l'ignorance absolue chez ces sporstmen des notions les plus élémentaires de la teinture.

Il est évident que l'emploi plus ou moins habile de formules empiriques fournies par des auteurs d'une compétence technique discutable doit conduire à des résultats médiocres.

Un corps coloré n'est pas forcément une matière colorante. On qualifie de ce dernier terme toute substance colorée susceptible de pouvoir être fixée sur les fibres textiles ou autres d'une façon plus ou moins permanente par les procédés de la teinture.

Si l'on plonge le corps à teindre dans une solution étendue de matière colorante additionnée d'acide ou de sels appropriés et chauffée aux environs de 100°, dans certains cas la matière colorante se fixe et colore le corps uniformément, on dit que ce corps est teint. La teinture est plus ou moins solide suivant la nature de la matière colorante et celle de l'objet à teindre.

La plupart des matières colorantes solubles teignent facilement les produits d'origine animale : laine, soie, quill, plumes, hackles, fourrures, etc. Par contre, il n'en existe qu'un nombre relativement restreint susceptible de teindre avec la même facilité les fibres végétales : coton, lin, jute, etc. Il faut dans la plupart des cas avoir recours au mordançage.

Passons à la pratique de la teinture. Le pêcheur à la mouche trouvera dans le commerce toutes les teintes désirables en ce qui concerne les soies et les laines. La nécessité de la teinture s'appliquera surtout aux plumes, au quill, au rafia, au crin de cheval, etc.

Une rivière a truite caractéristique de Normandie.

S'il s'agit de teindre des plumes, il faudra d'abord les dégraisser en les passant dans une solution à 5 p. 100 de carbonate de soude maintenue chaude, puis en les lavant à l'eau tiède. Pour cela on les réunit par paquets de dix ou vingt suivant la taille.

Les plumes ainsi dégraissées sont passées à la teinture. Pour préparer le bain, on dissout dans l'eau bouillante dans une capsule de porcelaine la quantité de teinture nécessaire, à raison de 1 à 3 grammes par litre d'eau, puis on ajoute 10 centimètres cubes par litre, d'acide acétique. On maintient la température du bain en plaçant la capsule de porcelaine sur une toile métallique et en chauffant sur un bec Bunsen.

Les plumes sont plongées dans le bain où on les agite constamment. Quand la teinte désirée est obtenue, on les retire, les lave abondamment à l'eau tiède, exprime l'eau ensuite entre des feuilles de papier buvard ou de papier filtre et sèche en ayant soin de les agiter de temps en temps pour les obliger à reprendre en séchant leur forme naturelle (1).

Si, les plumes n'avaient pas repris leur forme correcte, on peut y revenir en les exposant quelques instants au jet de vapeur obtenu en coiffant d'un entonnoir une casserole d'eau bouillante.

Pour la teinture du quill, de la fourrure, de la soie, etc., on opère de même.

Pour le rafia, le coton et tous les corps végétaux en général, ajouter à la teinture 25 grammes d'alun par litre ou si la teinture prend très mal, quelques gouttes d'une solution d'acétate ferrique.

En ce qui concerne la teinture elle-même, je conseille vivement l'emploi des matières colorantes dérivées du

____

(1) M. Maclelland a imaginé pour le séchage des plumes un petit appareil très ingénieux qui est en vente chez Holtzapfel, 53 Haymarket Londres, S. W. 1.

goudron de houille. Il existe toute une série de recettes basées sur l'emploi de décoctions de pelures d'oignon et de divers bois tinctoriaux, si vous tenez à avoir des résultats réguliers je ne vous engage pas à en user.

Vous trouverez dans le commerce des petits paquets de teinture tout préparés qui pourront dans certains cas vous être utiles.

La maison Crawshaw's, 56 Saint-Dover Street à Londres, a établi sur les indications de M. Halford une série spéciale des principales couleurs nécessaires aux pêcheurs.

En ce qui me concerne, je prépare moi-même ma teinture comme un peintre prépare ses couleurs sur sa palette en opérant de la façon suivante :

J'ai une série de couleurs pures en solution, je les mélange en proportions déterminées pour obtenir la teinte que je recherche et que je pourrai toujours reconstituer en prenant dans mes flacons les mêmes quantités respectives des couleurs constituantes.

Exemple : Si j'ai à teindre des plumes de canard en vue du montage de mouches de mai, ou des hackles pour faire des olives duns, je prépare ma teinte en mélangeant les couleurs constituantes : un jaune avec une pointe de vert et quelque peu de marron pour obtenir une teinte passée. Je contrôle avec un échantillon et modifie les proportions respectives des couleurs jusqu'à ce que j'obtienne le résultat cherché. Je note alors sur une fiche une fois pour toutes le nombre de centimètres cubes de chacune des couleurs employées et avec lesquelles je reproduirai à ma convenance aussi souvent qu'il me plaira la teinte ainsi déterminée.

Pour préciser, voici une liste des principales matières colorantes dont je conseille l'emploi :

Aurantia,
Bleu de méthylène,
Brun Bismarck ou Vésuvine,

Crocéine,
Eosine,
Fluorescéine,
Jaune de quinoléine,
Jaune acide S,
Jaune auramine,
Orangé nº 111
Rouge rhodamine,
Tartrazine,
Vert acide S,
Vert méthylène.

LE MONTAGE DES MOUCHES ARTIFICIELLES

Voici d'abord la marche à suivre pour réaliser une mouche-araignée : la *Hackle Blue Dun*.

On fixe l'hameçon dans le petit étau de façon à ce que la tige soit tournée vers la droite. D'autre part, vous déroulez 25 à 3o centimètres de soie à monter les mouches vous les passez par le trou central de la bobine de soie, puis vous les cirez au moyen de la composition dont la formule a été donnée plus haut. Vous attachez alors la soie à la tige de l'hameçon en faisant quelques tours de gauche à droite puis en revenant sur eux de droite à gauche ; à ce moment, l'ensemble est représenté par la figure 37.

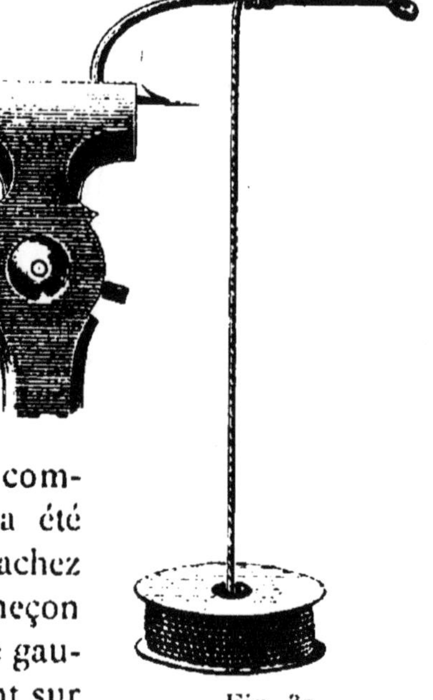

Fig. 37.

Vous fixez alors au moyen de la soie et près de la

courbure de l'hameçon les trois barbes de plumes destinées à figurer la queue, puis la laine grise qui doit
former le corps et enfin le fil d'argent qui cerclera le

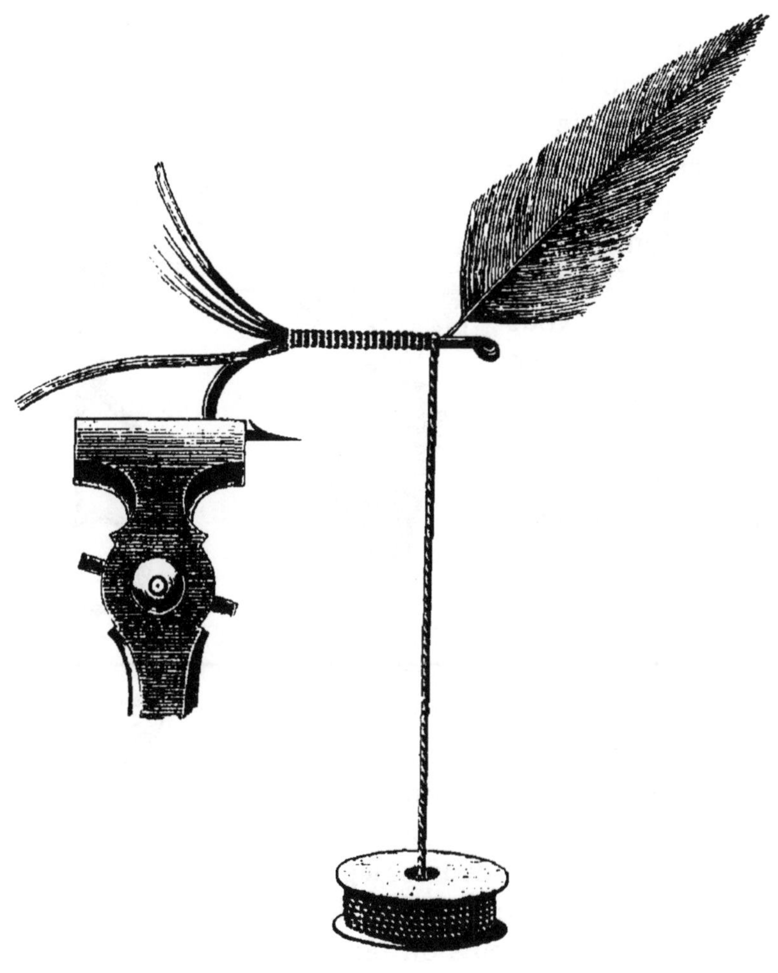

Fig. 38.

corps de l'artificielle. En quelques tours vous amenez
vers l'œillet de l'hameçon la soie à monter et là vous
fixez solidement le hackle gris destiné à figurer les ailes
et les pattes de la mouche.

Votre travail se trouve alors dans l'état représenté par

la figure 38. Vous enroulez alors soigneusement autour de la hampe de l'hameçon la laine grise de façon à lui donner la forme du corps de l'insecte. Arrivé à la tête vous fixez la laine par un ou deux tours de soie à monter et vous coupez le surplus de la laine. Vous prenez ensuite le fil métallique dont vous cerclez le corps en prenant soin de faire des spires régulières. Une fois arrivé à la tête, vous arrêtez par un ou deux tours de soie. A ce moment vous fixez à la pointe du hackle une pince décrite plus haut et vous l'enroulez comme il est indiqué à la figure 39. Quand cette opération est terminée on fixe la pointe du hackle par quelques tours de soie et coupe la pointe du hackle qui dépasse légèrement ; on fait encore quelques tours de soie pour figurer la tête

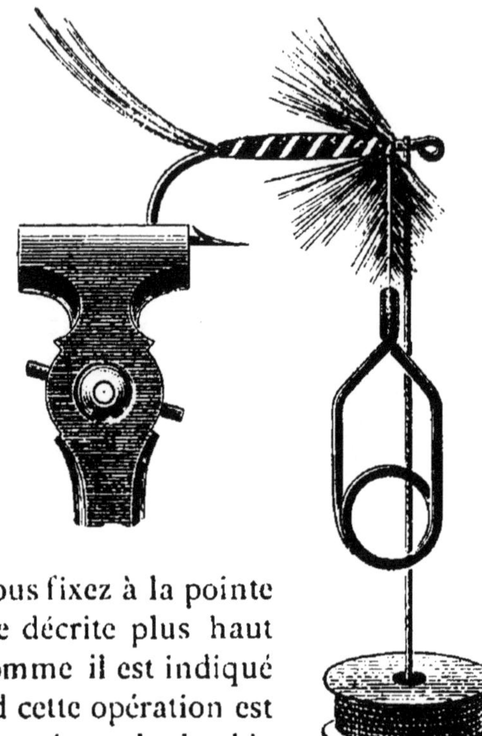

Fig. 39.

puis on fait avec la soie deux nœuds en demi-clef (voir fig. 40), fixe la tête avec une goutte de vernis déposée avec une aiguille ou un fil de verre étiré et coupe la soie. La mouche est alors terminée (voir fig. 41).

Fig. 40.

Les mouches-araignées, dites Palmers, comportent dans leur fabrication un hackle supplémentaire qui est enroulé tout le long du corps. Pour monter ces artificielles, on fixe un hackle à chaque extrémité du corps comme il est indiqué à la figure 42 et on enroule le long du corps celui qui est fixé à la courbure de l'hameçon.

Pour monter des mouches-araignées pour la pêche à la mouche noyée, choisir des hackles dont les barbes les plus longues, c'est-à-dire celles de la base de la plume soient de la longueur de la hampe de l'hameçon. Pour les artificielles destinées a être utilisées comme imitation de spinners et en mouche sèche, prendre des hackles un peu plus petits. Dans ce dernier cas, il sera souvent utile de mettre deux hackles à la tête ce qui donnera une artificielle flottant mieux sur l'eau.

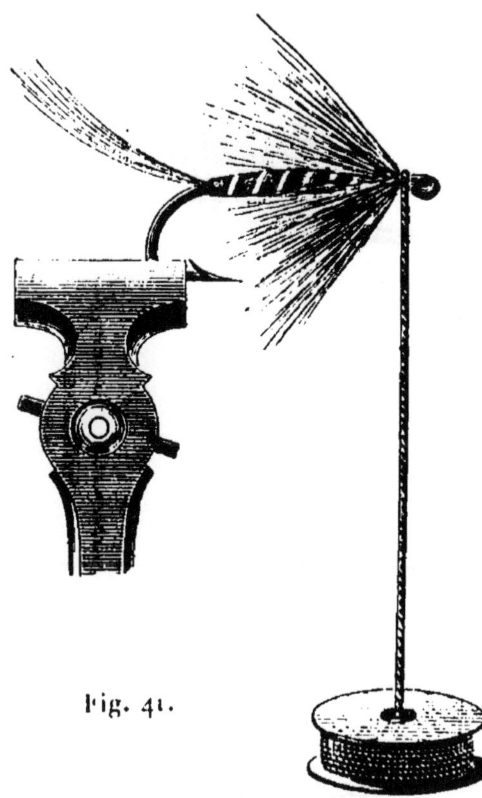

Fig. 41.

Pour construire des mouches avec le corps en fourrure, voici comment il faut opérer : On étend sur une planchette environ 15 centimètres de soie à monter les mouches et bien cirée. On étale sur toute la longueur les fibres de fourrure ou les poils à utiliser, puis on fixe avec une épingle le milieu de la soie et on réunit les deux extrémités que l'on tend et roule entre le pouce et l'index. On obtient ainsi une torsade des deux fils de soie sur toute la longueur de laquelle la fourrure se trouve emprisonnée. Cette torsade de fourrure est enroulée autour de l'hameçon comme il est indiqué plus haut et avec de petits ciseaux on enlève l'excès de four-

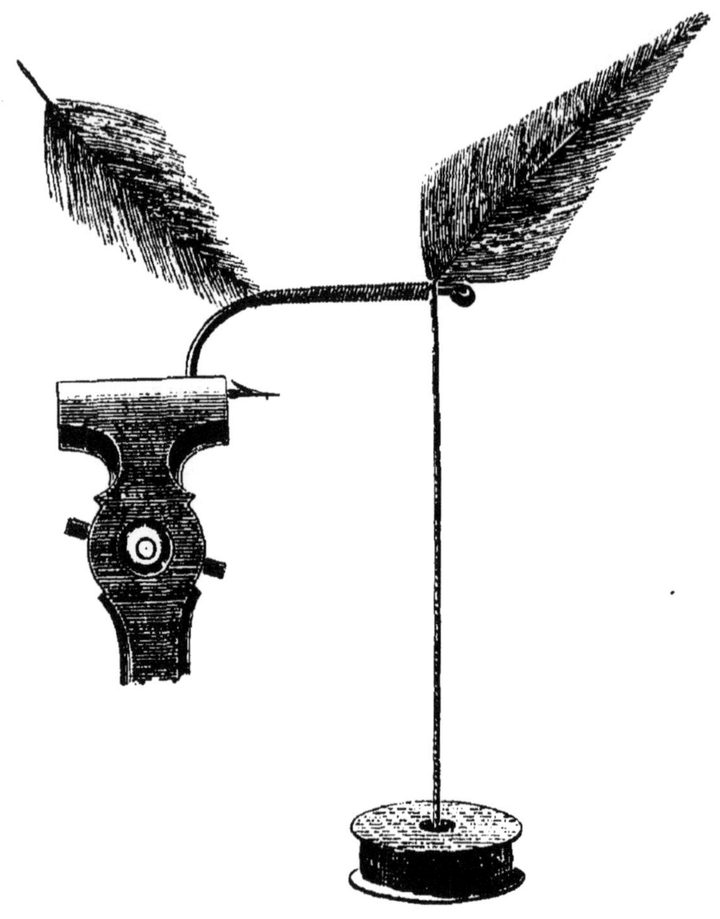

Fig. 42.

rure et donne au corps de la mouche la forme convenable.

Voici maintenant la marche à suivre pour le montage d'une artificielle noyée à ailes ordinaires.

Vous établissez le corps comme précédemment, puis vous coupez dans deux plumes symétriques des ailes droite et gauche d'un même oiseau les quelques barbes de plume nécessaires pour imiter les ailes. Vous les placez de chaque côté de l'hameçon et vous serrez fortement entre le pouce et l'index de la main gauche. Avec la main droite vous fixez solidement les ailes sur l'hameçon au moyen de quelques tours de soie. Vous placez ensuite votre hackle, coupez les barbes de plume qui dépassent et terminez la mouche comme il est dit précédemment. Ces diverses opérations se trouvent représentées par les figures 43, 44 et 45. La longueur des ailes doit être ajustée et égale à celle du corps de la mouche.

Pour le montage des mouches flottantes, on procède

Fig. 43.

d'une façon un peu différente : On commence par fixer les ailes sur la hampe de l'hameçon. Pour préparer les plumes dans lesquelles on prendra les ailes, on opère de la façon suivante : On prend deux plumes symétriques prélevées chacune respectivement dans les ailes droite et gauche d'un oiseau, un étourneau par exemple. Avec un couteau bien tranchant, on découpe sur toute la lon-

gueur de chacune des plumes la bande de quill qui
porte toutes les barbes de la plume. On coupe alors avec
des ciseaux dans les deux plumes ainsi préparées les
deux fragments nécessaires pour constituer les ailes de

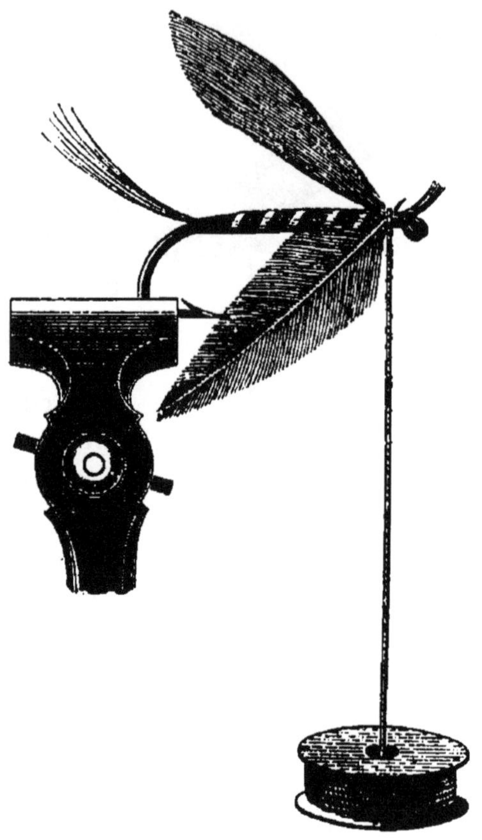

Fig. 44.

l'artificielle. Ces fragments pris entre le pouce et l'index de la main gauche, sont appliqués très fortement
sur la hampe de l'hameçon et solidement fixés avec la
soie bien cirée ainsi qu'il est indiqué à la figure 46. On
passe ensuite la soie en croix entre les ailes de façon à
les bien séparer.

C'est de la fixation des ailes que dépend la solidité et

la réussite de l'ouvrage, c'est de beaucoup la partie la plus difficile de l'opération.

Puis pour augmenter la solidité du montage, on rabat

Fig. 45.

la partie des plumes qui dépasse la ligature le long de la hampe de l'hameçon et les fixe à nouveau par deux tours de soie (voir fig. 47). Ensuite, on coupe l'excès de plume, attache les matériaux nécessaires pour le corps, monte ce dernier et enfin on fixe les hackles nécessaires pour figurer les pattes. Il faut généralement deux de ces plumes (voir fig. 48). Si l'on emploie uniquement la plume de coq on a des artificielles qui présentent un peu de raideur. L'idéal est d'utiliser un hackle de coq et un hackle de poule. Ces derniers sont plus souples que les

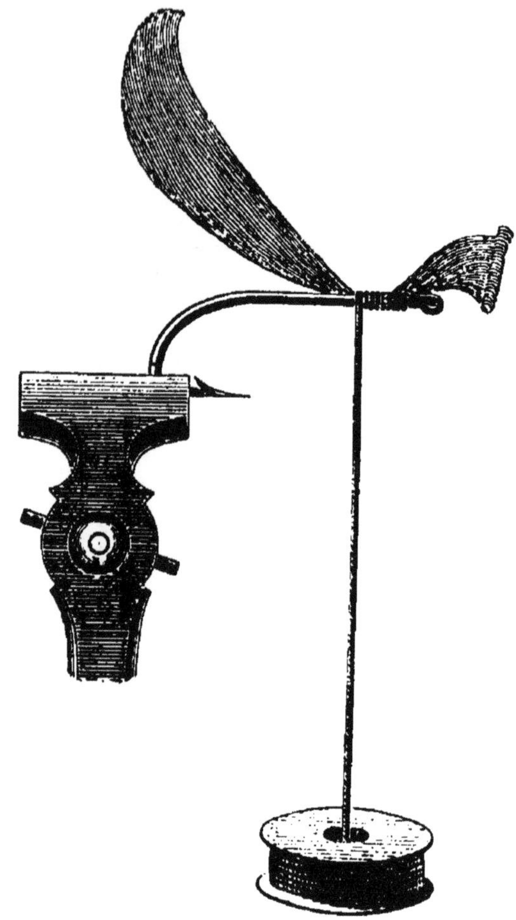

Fig. 46.

premiers, ils flottent un peu moins bien mais il est facile de corriger ce défaut par l'emploi du vaporisateur à huile de vaseline.

Certains pêcheurs trouvent un avantage à donner aux fragments de plumes qu'ils vont employer pour faire les ailes leur forme définitive avant de les fixer sur la tige de l'hameçon. Ils opèrent ainsi : les deux fragments de plumes sont préalablement liés au moyen d'un fil de soie comme il est indiqué sur la figure 49. Cette disposition rend l'application des ailes plus facile.

Fig. 47.

Le montage des spinners se fait de la même manière : on commence par fixer sur l'hameçon les petits hackles qui doivent figurer les ailes, on les attache solidement et les maintient dans le même plan en faisant passer la soie en croix sur la tige de l'hameçon, à la base des deux hackles ainsi qu'il est indiqué sur la figure 50. Comme précédemment on fixe ensuite le corps, et le hackle destiné à figurer les pattes.

M. John Henderson dans un article sur la Pêche à la

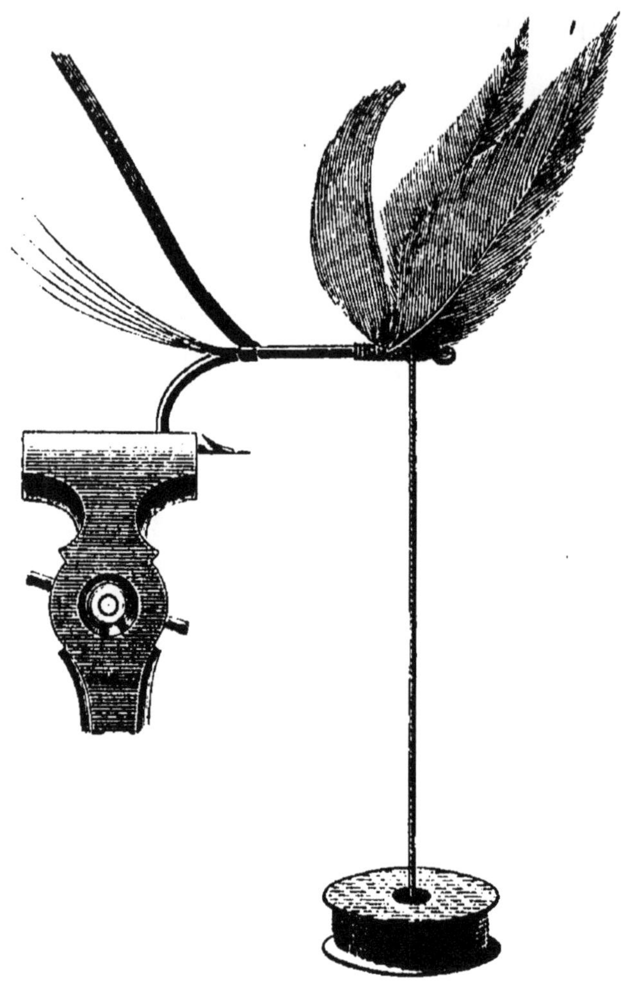

Fig. 48.

mouche sèche sur le lac Arrow et qui se trouve inclus dans le « Précis de la Mouche sèche » de *Halford* donne la formule d'un *Spent Drake* qu'il utilise habituellement et qui est excellent. Voici le principe de son montage : on enroule sur la tige de l'hameçon un hackle de coq dont les barbes ont environ la longueur de la tige. On sépare ensuite à la main les barbes du hackle ainsi enroulé en deux parties que l'on maintient dans le prolongement l'une de l'autre par quelques tours de soie croisés au centre de la plume. Le résultat obtenu est celui qui est représenté par la figure 51. Les deux parties du hackle ainsi séparé figu-

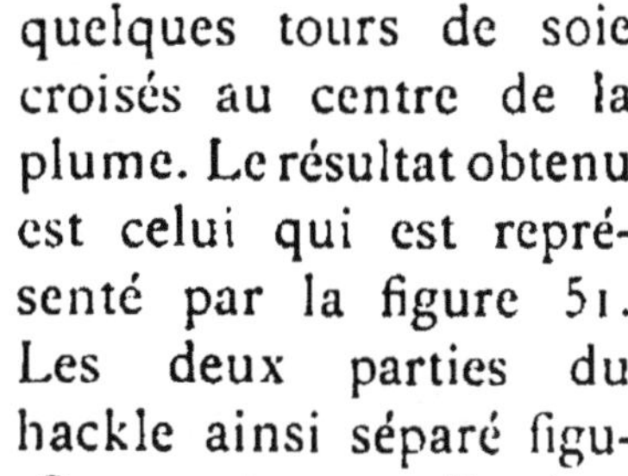

Fig. 49.

reront les ailes de l'artificielle. On terminera celle-ci en montant le corps et fixant un petit hackle à la tête comme d'habitude. Pour faciliter la fixation des éléments du corps et du hackle de tête, il est commode d'utiliser comme le conseille M. *Henderson* un petit fragment de tube en caoutchouc qui permettra de dégager les abords des ailes en maintenant celles-ci comme il est indiqué par exemple figure 52.

Cette méthode de montage des spinners est excellente. Je l'ai appliquée à des éphémères de petite taille : *Olive Spinners, Pale Watery Spinners, Red Spinners, Sherry Spinners.*

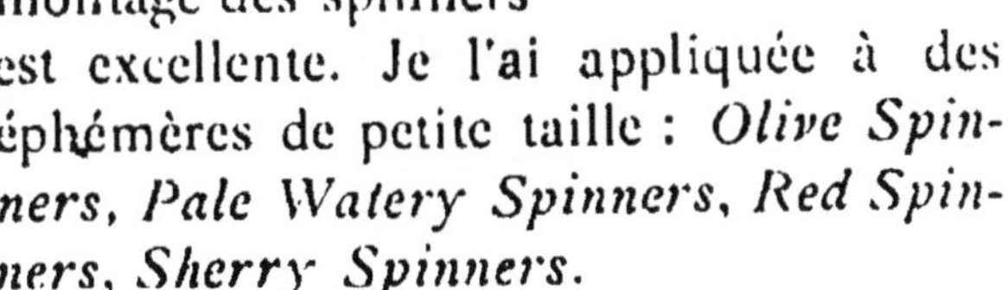

Fig. 5o.

Le soir, à la nuit tombante, en été, j'ai obtenu des résultats étonnants avec un sherry spinner établi ainsi :

Corps : monté avec une lanière de caoutchouc brut

détaché au moyen d'une lame de rasoir mouillée d'un morceau de caoutchouc naturel non vulcanisé (Caoutchouc de plantation dit feuilles fumées).

Ailes : Hackle de coq gingembre dont les barbes sont séparées en deux touffes figurant les ailes ainsi qu'il est indiqué ci-dessus).

Hackle : de coq gingembre.

Queues : Trois barbes d'un hackle de coq gingembre.

L'artificielle ainsi montée flotte fort bien et est très prenante.

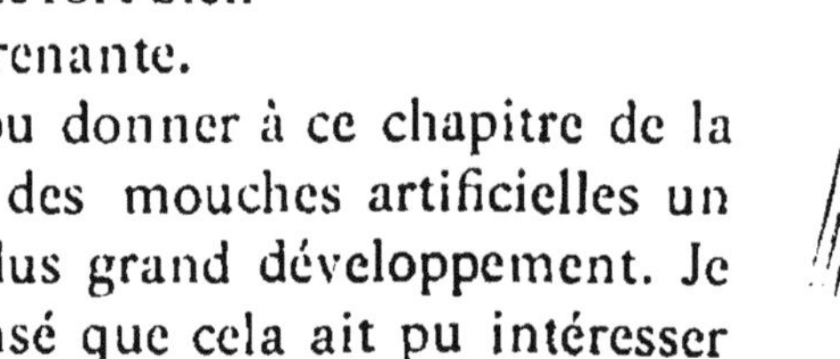

Fig. 51.

J'aurais pu donner à ce chapitre de la fabrication des mouches artificielles un beaucoup plus grand développement. Je n'ai pas pensé que cela ait pu intéresser la majorité de ceux qui liront ce livre. Car la plu-

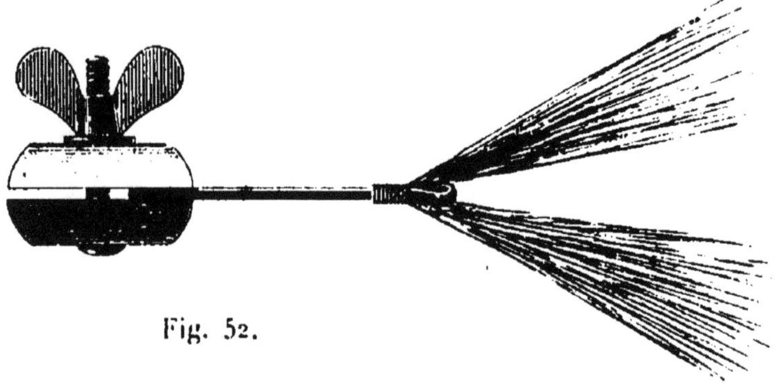

Fig. 52.

part ayant surtout le goût du sport considérera qu'il n'est utile de savoir monter une artificielle que pour remédier au manque de mouche, un jour, par suite de circonstances fortuites, ou aussi pour être capable de monter soi-même un modèle suivant des idées personnelles mais en laissant à son marchand d'articles de pêche le soin de reproduire la quantité nécessaire aux besoins de la pêche.

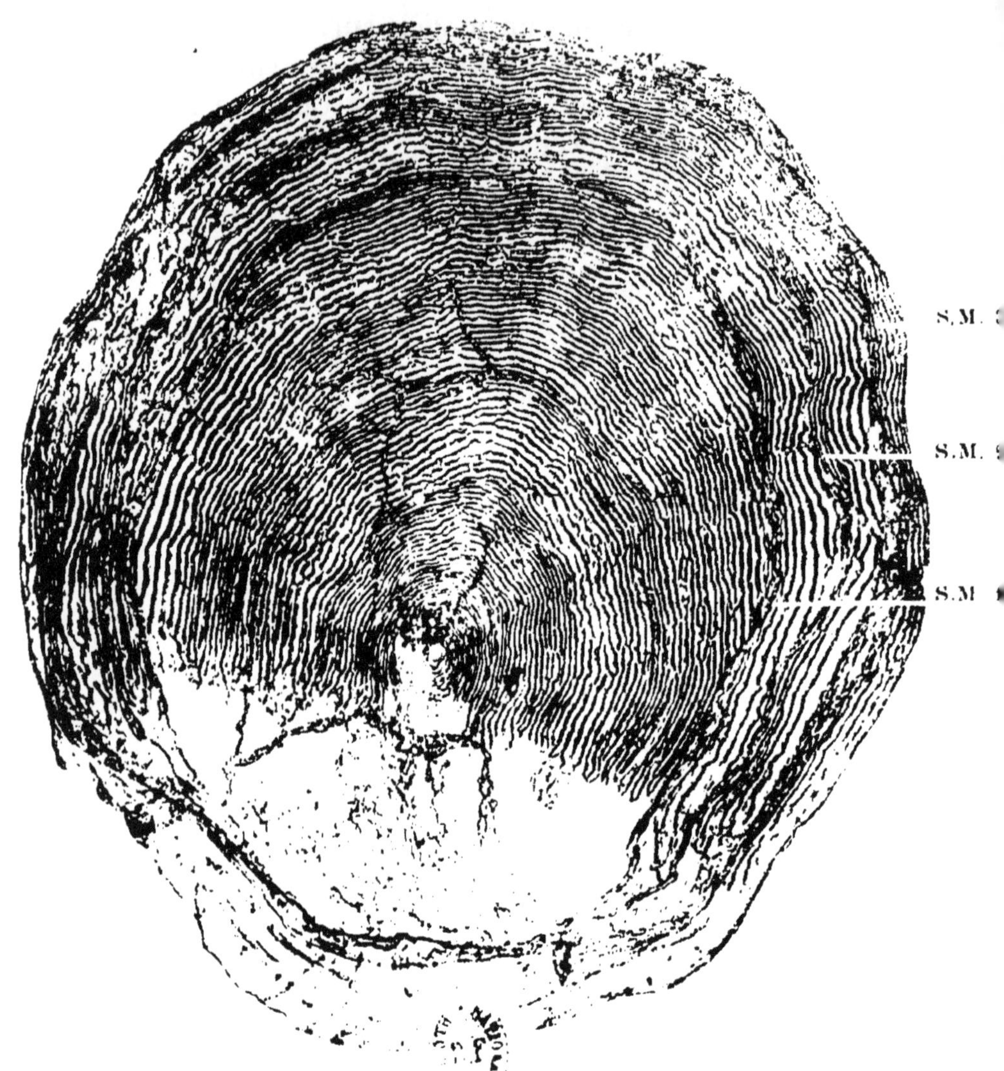

Écaille d'un saumon femelle de 26 livres capturé dans la rivière Avon le 29 mars 1917.
Ce poisson, âgé de neuf ans, porte trois marques de ponte, figurées sur le dessin e
S.M 1 - S.M. 2 - S.M 3 - ce qui indique qu'il est revenu trois fois en rivière pour y fray
Ce fait est excessivement rare.

Cliché *The Salmon and Trout Magazine*, extrait de l'article paru
sous le titre « The Hampshire Avon ». (Numéro d'octobre 1921.)

MONOGRAPHIE
DES PRINCIPALES MOUCHES A TRUITES

FAMILLE DES NÉVROPTÈRES ET ORTHONÉVROPTÈRES

I. — Série des olive duns.

Les artificielles de cette série sont les plus intéressantes parce que les diverses éphémères qu'elles veulent imiter sont extrêmement communes et qu'on les rencontre partout et en toute saison.

Ces insectes appartiennent au genre *Baetis*, ceux qui sont les plus répandus sont les *Baetis vernus* et *Baetis Rhodani*.

Les imitations des *olive duns* sont en général défectueuses, car il est excessivement difficile d'obtenir les teintes justes. Les colorations sont toujours trop nettes et correspondent rarement aux nuances indécises des modèles.

Les principaux types sont les suivants :

N° 1. — DARK OLIVE QUILL.

C'est le plus foncé de la série, d'une teinte brun jaune indécis tirant sur le vert.

Ailes : plumes d'étourneau sombre.
Hackle : de coq teinté olive sombre.
Corps : quill de paon teint vert olive foncé.
Queues : barbes de plumes de pintade teintes olive foncé.
Hameçon : n°s 000 à 1.

N° 2. — HACKLE DARK OLIVE QUILL.

Même modèle que le précédent, mais sans ailes.

N° 3. — MEDIUM OLIVE QUILL.

Ailes : plumes d'étourneau de teinte moyenne.
Corps : quill teint vert olive moyen.
Hackle : de coq teint vert olive moyen.
Queue : barbes de plumes de pintade teintes vert olive moyen.
Hameçon : 000 à 1.

N° 4. — HACKLE MEDIUM OLIVE QUILL

Même modèle que le précédent, mais sans ailes.

N° 5. — PALE OLIVE QUILL.

Ailes : plumes très claires d'étourneau ou de bécassine.
Corps : quill teint en gris jaunâtre pâle.
Hackle : de coq gris jaunâtre pâle.
Queue : barbes de plumes de pintade teintes jaunes très pâle.
Hameçon : 000 à 1.

N° 6. — HACKLE PALE OLIVE QUILL.

Même modèle que le précédent mais sans ailes.

N° 7. — HARE'S EAR.

Ailes : plumes de l'étourneau ou, mieux, de bécasse.

Corps : poils foncés de l'oreille de lièvre annelé de soie jaune brunâtre.

Hackle : de coq rouge, ou, mieux, poils de l'épaule du lièvre.

Queue : fibres brunes d'une plume de canard sauvage.

Hameçon : ooo à 2.

N° 8. — HACKLE HARE'S EAR.

Même modèle que le précédent, mais sans ailes. Cette mouche doit toujours être essayée sur une truite « bulging ». (Voir page 129.)

N° 9. — GOLD RIBBED HARE'S EAR.

Même modèle que le n° 8, mais corps cerclé d'un fil d'or plat (Tinsel). La même artificielle, sans ailes, est la Hackle gold ribbed Hare's ear.

N° 10. — JULY DUN.

Ailes : plumes foncées de l'étourneau teintes jaune.
Corps : mélange de poils jaunes et gris.
Hackle : gris foncé de coq.
Queue : fibre du hackle ci-dessus.
Hameçon : ooo à 1.

N° 11. — OLIVE QUILL SPINNER.

Ailes : deux pointes de hackle gris pâle.
Corps : quill teint olive tirant sur le brun.
Queue : barbes de plumes de pintade blanche ou de hackle de coq blanc.
Hackle : plumes de coq teint olive très pâle.
Hameçon : ooo à 1.

II. — Série des Blue duns.

A cette série appartiennent les meilleurs modèles pour le début de la saison.

N° 12. — Iron blue dun.

Cette mouche est en pleine saison depuis la fin d'avril jusqu'à mi-juin, mais on peut en rencontrer jusqu'à la fermeture. Il n'est pas rare d'observer d'abondantes éclosions de cette éphémère que les truites dévorent alors avidement et avec une préférence marquée vis-à-vis d'autres éphémères qui peuvent se trouver simultanément sur l'eau et de plus belle taille. L'imago, qui est le Jenny spinner, est très rarement sur l'eau et son emploi donne des résultats très irréguliers. Voici la description de l'Iron blue dun :

Ailes : plumes de la queue de la mésange.

Corps: poil de taupe annelé de soie jaune sale.

Hackle: plume de coq gris jaunâtre ou, mieux, gris gingembre. (Très difficile à obtenir la teinte juste.)

Queue : barbes du hackle ci-dessus.

Hameçon ; ooo à o.

N° 13. — Iron blue quill.

Même modèle que le précédent, mais corps en quill teint. (Imitation inférieure à la première.)

N° 14. — Hackle iron blue dun.

Même modèle que le n° 12, mais sans ailes.

N° 15. — Jenny spinner.

Mouche sans ailes, celles de l'insecte sont d'une telle transparence que le hackle le plus délié ne pourrait en tenir lieu, et mieux vaut s'en passer tout à fait.

Corps : soie blanche terminée par quelques tours de soie rouge brunâtre.

Queue : fibres blanches de hackle de coq.

Hackle : blanc.

Hameçon : oo.

N° 16. — BLUE DUN.

Cette artificielle est une mouche de premier ordre, en particulier celle décrite sous le nom de blue quill.

Description du blue dun :

Ailes : plumes de bécassine ou, mieux, plumes grises transparentes de l'étourneau.

Corps : mélange de fourrure gris pâle de taupe et de poil d'oreille de lièvre annelé de soie jaune.

Hackle : plumes gris pâle du coq.

Queue : barbes de hackle de coq gris.

Hameçon : 000 à 1.

Le corps des modèles du commerce est généralement d'un gris uniforme et annelé d'un très mince fil d'argent. C'est également une très bonne mouche.

N° 17. — HACKLE BLUE DUN.

Même modèle que ci-dessus, mais sans ailes.

N° 18. — BLUE QUILL.

Même modèle que le n° 16, mais corps en quill brut ou, mieux, teint de la nuance correspondante au corps décrit plus haut.

N° 19. — RED SPINNER.

C'est une excellente mouche pour la fin de l'après-midi. Les ailes doivent être d'une transparence extrême, comme pour tous les spinners, du reste, et rien ne peut mieux rendre cette transparence que deux pointes de hackle, mais ces modèles sont très chers à cause de la dépense de hackle qu'ils exigent et on peut s'en dispenser en utilisant les modèles décrits plus loin sous le nom de Hackle red quill et Hackle red spinner, et qui sont excellents.

Description du Red spinner :

Ailes : deux pointes de hackle gris très pâle.

Corps : soie brun rouge ou, mieux, crin de cheval teint.

Hackle : de coq rouge.

Queue : deux fibres du hackle précédent.

Hameçon : 000 à 1

N° 20. — HACKLE RED SPINNER.

Même modèle que ci-dessus, mais sans ailes.

N° 21. — RED QUILL.

Même modèle que le n° 19, mais corps en quill brun.

N° 22. — HACKLE RED QUILL.

Même modèle que le n° 19, sans ailes et avec le corps en quill brun.

N° 23. — WHIRLING BLUE DUN.

Ailes : plume d'étourneau nuance moyenne.

Corps : mohair jaune mélangé de poils d'écureuil annelé de soie jaune.

Hackle et queue : hackle de coq de couleur gingembre.

Hameçon : 000 à 1.

N° 24. — BLUE UPRIGHT.

Même modèle que le n° 18, mais hackle plus pâle, presque blanc.

III. — **Série des Blue winged olive duns.**

Ces éphémères, qui appartiennent au genre Ephemerella, sont extrêmement répandues ; des exemplaires de ces artificielles doivent se trouver dans le fonds de collection de tout sportman avisé.

On peut en rencontrer sur l'eau toute l'année, mais c'est surtout une mouche d'été et d'arrière-saison.

L'Imago du Blue winged olive dun est le Sherry spinner.

No 25. — BLUE WINGED OLIVE DUN.

Ailes : foulque.
Corps : quill teint vert olive.
Hackle : plumes du cou du coq teintées vert olive.
Queue : barbes de hackle de coq long teint vert olive.
Hameçon : o à 1.

No 26. — INDIAN YELLOW.

Ailes : plume grise transparente de l'étourneau.
Corps : soie fauve claire annelé de jaune.
Hackle : de coq roux aussi pâle que possible.
Queue : barbe du hackle ci-dessus.
Hameçon : o à 1.

No 27. — SHERRY SPINNER.

Ailes : deux pointes de hackle gris.
Corps : quill rouge sombre.
Hackle : de coq roux très pâle.
Queue : barbes du hackle ci-dessus.
Hameçon : o à 1.

IV. — **Éphémères diverses.**

No 28. — PALE WATERY DUN.

Éphémères très répandues, comme toutes celles du genre Baetis, d'ailleurs.

On peut, à la rigueur, se passer de l'imitation spécifique et utiliser les olive duns nuance pâle : Pale olive quill et hackle pale olive quill (voir n°s 5 et 6).

No 29. — PALE EVENING DUN.

Une très bonne mouche d'été.
Ailes : plumes transparentes à peine teintées de jaune.

Corps : soie jaune fauve pâle annelé de jaune.
Hackle : gris très pâle à peine teinté de jaune.
Queue : barbes de hackle gris.
Hameçon : o à 1.

Nº 3o. — Sky blue.

Ailes : hirondelle de mer.
Corps : soie jaune rougeâtre pâle.
Hackle : de coq teint jaune pâle.
Queue : barbes de hackle de coq blanc.
Hameçon : ooo ou oo.

Nº 31. — March brown.

Ailes : plumes de l'aile de la faisanne.
Corps : poils d'oreille de lièvre annelé de soie brune.
Hackle : plumes de perdrix (poitrine).
Queue : barbes de plumes de perdrix.
Hameçon : nᵒˢ 1 à 3.
Cette mouche n'est guère utile en France.

Nº 32. — Great Red spinner.

Imago de la March brown. Les modèles du commerce ont toujours le corps trop rouge. Cette mouche est, comme la précédente, d'une utilité contestable. Les modèles sans ailes sont préférables. En voici une imitation suffisante :

Corps : laine rouge brun annelé de fil d'or.
Hackle : hackle rouge de coq.
Queue : barbes du hackle ci-dessus.
Hameçon : nᵒˢ 1 à 3.

Nº 33. — August dun.

Ailes : bécasse.
Corps : soie brune annelé de jaune.
Hackle : hackle rouge de coq.

Queue: barbes du hackle ci-dessus.
Hameçon : n°ˢ 00 à 1.

N° 34. — ORANGE DUN.

Très bonne mouche d'été.
Ailes: plumes grises de l'étourneau.
Corps: soie orange foncée.
Hackle: rouge de coq.
Queue : fibres du hackle précédent.
Hameçon : n° 1 ou 2.

V. — Mouches de mai.

Les meilleures imitations de mouches de mai sont celles dont le corps est en rafia qui a la teinte exacte de la mouche naturelle. Les corps en paille sont aussi de bons modèles, mais ceux en liège et surtout en soie sont détestables.

N° 35. — GREEN DRAKE.

Ailes : plumes entières de canard à peine teintées de jaune verdâtre, ou mieux encore, petites plumes de dessous de l'aile du pélican teintées de jaune verdâtre.
Corps : rafia ou paille.
Hackle: barbes de plumes de canard teintées de jaune très pâle ou hackle de coq gris jaunâtre.
Queue: barbes de plume de canard.
Hameçon : n°ˢ 4 à 6.

N° 36. — GREY DRAKE.

Ailes : plumes entières du canard sauvage brutes ou à peine teintées de brun.
Corps : rafia ou paille.
Hackle: plumes de canard teintées brunes ou hackle de coq noir ou Coch-y-Bondhu très foncé.
Queue: barbes des plumes précédentes.
Hameçon : n°ˢ 4 à 6.

N° 37. — SPENT GNAT.

Ailes : deux hackles de coq teintes jaune pâle ou gris foncé,
Corps : rafia.
Hackle : de coq Coch-y-Bondhu foncé ou noir.
Queue : barbes du hackle précédent.
Hameçon : n°s 3 à 5.

Voir aussi le modèle de M. Henderson décrit à la fin du chapitre sur la fabrication des mouches.

N° 38. — HACKLE MAY FLY.

Corps : rafia, paille ou caoutchouc en feuilles minces.
Hackle : barbes de plumes de canard teintées gris jaunâtre.
Queue : barbes de hackle de coq noir.
Hameçon : n°s 3 à 6.

VI. — Phryganes, Perles et Nemours.

N° 39. — SILVER SEDGE.

Ailes (1) : bécasse.
Corps : quill de paon brut annelé d'une mince lamelle d'argent.
Hackle : hackle rouge de coq. Un à la tête et un autre enroulé sur toute la longueur du corps.
Hameçon : n°s 1 à 3.

N° 40. — ORANGE SEDGE.

Ailes : bécasse.
Corps : soie orange foncé.
Hackle : deux hackles rouges foncés du coq, l'un à la tête, l'autre enroulé sur toute la longueur du corps
Hameçon : n°s 1 à 3.

---

(1) Ne pas oublier que les ailes des artificielles de cette catégorie doivent être couchées sur l'hameçon et non droites comme celles des éphémères.

Nº 41. — SAND FLY.

Ailes : râle de genêts.
Corps : mohair jaune sable.
Hackle : rouge de coq.
Hameçon : nº 1 ou 2.

Nº 42. — CINNAMON FLY.

Très rare en France.
Ailes : plumes brunes du râle des genêts.
Corps : soie brune foncé.
Hackle : brun foncé.
Hameçon : nº 2.

Nº 43. — BLACK SILVER HORNS

Ailes : étourneau.
Corps : barbes de plume noire d'autruche.
Hackle : noir de coq.
Antennes : deux barbes de la plume blanche ponctuée de noir du canard.
Hameçon : nº 1.

Nº 44. — BROWN SILVER HORNS.

Ailes : plumes brunes du râle de genêts.
Corps : autruche teint brun.
Hackle : brun foncé de coq.
Antennes : deux barbes de la plume blanche ponctuée de noir du canard sauvage.
Hameçon : nº 2.

Une excellente mouche pour les soirs d'été ; elle est un peu plus grande que la précédente et apparaît en grandes quantités au début de cette saison.

Nº 45. — WILLOW FLY.

Corps : poils de taupe annelé de soie jaune.
Hackle : de coq gris bordé de rouge orange.
Hameçon : nº 0.

Nº 46. — ALDER FLY

Ailes : plumes tachées de noir de l'aile du faisan.
Corps : mélange de mohair ponceau et rouge cuivre.
Hackle : noir de coq.
Hameçon : s'établit en diverses grandeurs nᵒˢ o à 4, la bonne taille est nº 1.

Cette mouche, dont la larve vit dans l'eau, passe son existence sur les roseaux et les arbres de la rive, sur les feuilles desquels elle pond ses œufs. Elle ne doit donc pas se trouver normalement sur l'eau, mais elle y est souvent projetée accidentellement.

C'est une excellente mouche d'été, particulièrement sur les rivières encombrées d'herbes.

FAMILLE DES DIPTÈRES

Nº 47. — COW DUNG.

Cette mouche est extrêmement commune dans les prairies où paissent des bestiaux. On la rencontre toute l'année, mais elle est particulièrement efficace au début de la saison, où on la rencontre souvent en grande quantité sur l'eau les jours de vent. Bien prendre note de sa taille, car les modèles choisis par les pêcheurs sont presque toujours trop petits.

Ailes : plumes brunes du râle de genêts.
Corps : poilu. Poils jaune brun et orange mélangés.
Hackle : rouge de coq.
Hameçon : nº 3.

Nº 48. — HAWTHORN FLY.

C'est une mouche noire velue très répandue au printemps. Elle marche lentement sur les feuilles et sur le sol.

Ailes : plume d'étourneau.

Corps : autruche noire.
Hackle : noir de coq.
Hameçon : n° 2 ou 3.

N° 49. — BLACK GNAT.

Ailes : plumes transparentes de l'étourneau.
Corps : autruche noire.
Hackle : noir de coq.
Hameçon : ooo.

N° 50. — FISHERMAN'S CURSE.

Ailes : plumes transparentes de l'étourneau.
Corps : soie brune.
Hackle : noir de coq.
Hameçon : ooo.
Cette mouche, comme la précédente, n'est jamais trop petite. Elles s'emploient toutes deux dans les mêmes circonstances : lorsque la truite chasse en été des moucherons imperceptibles.

N° 51. — OAK FLY ou DOWN LOOKER.

Ailes : bécasse.
Corps : soie orange sale annelé de brun.
Hackle : rouge et noir de coq (Coch-y-Bondhu).
Hameçon : n° 2 ou 3.
Cette mouche est très répandue, On la rencontre généralement en mai, juin et juillet.

FAMILLE DES HYMÉNOPTÈRES

N° 52. — BROWN ANT.

Ailes : plumes transparentes de l'étourneau.
Corps : soie brune et un tour ou deux de barbes de plumes d'autruche de la même teinte à l'extrémité du

corps pour donner à l'insecte sa silhouette caractéristique.

Hackle : rouge et noir de coq (Coch-y-Bondhu).

Hameçon : oo ou o,

N° 53. — BLACK ANT.

Ailes : plumes transparentes de l'étourneau.

Corps : soie noire et un tour de barbe de plume d'autruche noire à l'extrémité du corps.

Hackle : noir de coq.

Hameçon : oo ou o.

FAMILLE DES HÉMIPTÈRES. COLÉOPTÈRES. IMITATION D'ORDRE GÉNÉRAL ET MOUCHES DE FANTAISIE

N° 54. — COCH-Y-BONDHU.

Corps : barbes de plumes de paon annelé d'un fil d'or.

Hackle : rouge ou noir de coq (Coch-y-Bondhu).

Hameçon : oo à 4.

N° 55. — RED PALMER.

Corps : barbes de plumes de paon.

Hackle : rouge de coq.

Hameçon : ooo à 4.

Cette mouche, montée très petite, est excellente en été.

N° 56. — BLACK PALMER.

Corps : soie noire annelé d'un fil d'argent ou barbes de plumes d'autruche noire annelé d'un fil d'argent.

Hackle : noir de coq.

Hameçon : ooo à 2.

N° 57. — BROWN PALMER.

Corps : laine brune.

Hackle : rouge et noir de coq (Coch-y-Bondhu).
Hameçon : 000 à 2.

N° 58. — SOLDIER PALMER.

Corps : laine rouge annelé d'un fil d'or.
Hackle : deux hackles de coq l'un ramassé à la tête, l'autre enroulé sur toute la longueur du corps.
Hameçon : 000 à 2.

N° 59. — WICKHAM FANCY.

Ailes : plumes claires du pic.
Corps : lamelle d'or (Gold Tinsel).
Hackle : rouge de coq.
Hameçon : n°s 000 à 2.

N° 60. — GREENWELL'S GLORY.

Ailes : bécasse.
Corps : soie olive annelé de fil d'or très fin et très serré.
Hackle : rouge et noir de coq (Coch-y-Bondhu).
Bonne mouche. Imitation générale d'Ephémères du genre Baetis.

N° 61. — GOVERNOR.

Ailes : bécasse.
Corps : barbes de plumes de paon, et, à l'extrémité du corps, quelques tours de soie jaune orange.
Hackle : rouge de coq.
Hameçon : n^os o à 3.

N° 62. — COACHMAN.

Ailes : plumes blanches.
Corps : barbes de plumes de paon.
Hackle : rouge de coq.
Hameçon : n^os o à 4.
Mouche du soir.

N° 63. — FERN FLY.

Une excellente mouche, copie d'un coléoptère très répandu au printemps, le Telephorus lividus.

Dans les imitations, le corps est presque toujours trop jaune.

Ailes : plume foncée de perdrix ou mieux d'étourneau.

Corps : laine orange.

Hackle : rouge de coq.

Hameçon : n° 2.

Écaille d'un saumon femelle de 30 livres capturé en Norvège après le frai (kelt ou charognard). Cette photographie montre la désintégration caractéristique qui frange les bords de l'écaille après les fatigues du frai. Si le poisson avait pu regagner la mer et que l'écaille ait continué à se développer, elle aurait gardé la trace de cette désintégration et aurait porté une marque de ponte.

Photographie de la collection de M. W. Hunter, directeur de la maison Farlow à Londres.

LA PÊCHE

Ceux qui ont battu beaucoup de rivières à truites savent qu'il n'y a pas de règles générales en pêche à la mouche, sauf quelques remarques simples : se tenir hors de la vue du poisson, et pour cela, pêcher en remontant plutôt qu'en descendant, employer des bas de ligne assez fins, des imitations aussi correctes que possible des insectes que la truite gobe habituellement, lancer ces artificielles très légèrement, etc. Mais ces règles sont de pure logique et peuvent venir à l'idée de quiconque, même n'ayant jamais pêché.

Les méthodes modernes, en particulier le *dry fly fishing* (1), ont réduit au minimum la nécessité fameuse de la « Science de l'eau », et élevé au premier rang l'habileté du lanceur et ses connaissances entomologiques.

Il faut avouer que la pêche à la mouche ainsi conçue est bien plus attachante, avec ses difficultés théoriques et pratiques.

Ces procédés actuels de pêche à la mouche exigent une habileté consommée dans le lancer et quelques connaissances des mœurs des insectes. C'est cela d'abord qu'il

(1) Pêche à la mouche sèche.

faut acquérir. Tout le reste ensuite vous sera donné par surcroît.

Il existe deux méthodes de pêche à la mouche ;

1° La pêche à la mouche sèche ou flottante (*dry fly fishing*) ;

2° La pêche à la mouche noyée (*wet fly fishing*).

I. — La **pêche à la mouche flottante**, ainsi que le titre l'indique, consiste à maintenir la mouche à la surface à la façon d'un insecte tombé sur l'eau, ou d'une éphémère qui vient d'éclore et qui se dispose à s'envoler. Elle est très meurtrière en été, quand l'eau est transparente et le ciel clair.

Voici quelles sont les règles capitales :

1° Pêcher en lançant *Up stream*, c'est-à-dire en remontant le courant, de façon à se dissimuler autant que possible. Le courant ramène la mouche vers le lanceur. Si la distance est faible, il suffit de relever légèrement la pointe de la canne pour maintenir sur l'eau aussi peu de bannière que possible. Si l'on pêche loin, cette manœuvre est insuffisante, on la complète en retirant quelques mètres de soie avec la main gauche ;

2° La mouche doit être maintenue bien sèche. Pour cela, effectuer entre chaque lancer quelques faux jets un peu brusques. On élimine ainsi l'eau qui imprègne l'appât. Si on lance une ligne longue, la mouche tombe toujours bien sèche, c'est un peu plus difficile avec une ligne courte.

On réduit au minimum les ennuis du séchage en graissant très légèrement les artificielles, soit en les pinçant dans un petit carré de flanelle huilé, soit en les passant au vaporisateur à huile de vaseline.

Enfin, il est préférable d'utiliser les mouches établies pour flotter, et pour cela, bien garnies en *hackle*, et dont les ailes simples ou doubles, mais bien séparées, font qu'elles tombent toujours très correctement sur l'eau, c'est-à-dire debout, les ailes droites, *cocked*, comme disent les Anglais ;

3° Présenter à la truite une imitation aussi parfaite que possible de l'insecte gobé par le poisson, ainsi que cela a été expliqué précédemment ;

4° Les amateurs du pur *dry fly fishing* se contentent de pêcher les truites qu'ils voient moucheronner à la surface. Ceci a le grave inconvénient de réduire beaucoup l'activité du pêcheur, certaines journées où la rivière est très calme, mais a, par contre, l'avantage de tirer d'un seul poisson le maximum de sport. Une truite est-elle aperçue en un endroit déterminé ? Le pêcheur s'avance avec précautions, se poste en bonne place pour observer sans être vu, et attend, cherchant à se rendre compte de la taille du poisson, de ce qu'il prend, de la façon dont il est placé, etc. S'il est un peu loin, il est toujours muni d'une jumelle à prismes qui lui permettra de surveiller attentivement sa victime, puis, toutes choses bien étudiées et bien au point, il attaque. Le bas de ligne est armé de l'artificielle convenable, puis la soie peu à peu déployée, le lancer le plus approprié a été préalablement choisi, et c'est sans rien laisser au hasard que la mouche part vers la bonne place, c'est-à-dire à 30 ou 40 centimètres au-dessus du poisson et légèrement à gauche ou à droite, pour l'obliger, s'il se déplace, à se tourner du côté opposé au pêcheur.

La truite peut attaquer diversement : souvent elle bondit brutalement à la mouche dès que celle-ci touche l'eau ; parfois, elle la laisse suivre le courant, monte sans presser et la cueille du bout des lèvres ; d'autres fois, elle laisse la mouche la dépasser puis se retourne brusquement et la happe. Enfin, souvent aussi, elle ne s'en inquiète pas du tout. Dans ce cas, il est bon de lancer coup sur coup au même endroit, ce passage régulier de la même artificielle excite la truite, qui, parfois, finit par la prendre.

Mais ce n'est que si des poissons bien en train de moucheronner à la surface refusent nettement la mouche qu'il faut changer d'artificielle.

Il est très important dans la présentation de l'appât d'éviter le *drag*, en français le *sillage*.

Il y a sillage quand le courant agissant sur la ligne déplace la mouche à la surface de l'eau de telle façon que sa vitesse soit différente de celle du courant qui l'entraîne. Dans ce cas, elle se déplace en produisant sur l'eau de petites ondulations marquant son passage : un sillage.

Cela se produira notamment par suite des vitesses différentes des courants qui composent la rivière : par exemple si vous voulez placer votre artificielle dans un endroit calme mais séparé de vous par un courant, il est évident que la partie de la soie qui se trouvera sur cette zone plus rapide de la rivière sera entraînée et qu'à sa suite la mouche suivra en marquant son passage sur l'eau calme par un sillage.

Pour éviter cela, ou tout au moins le retarder, il faut donner du mou à la ligne, c'est-à-dire lancer de façon à ce qu'elle tombe sur l'eau en zigzags, le courant devra d'abord redresser les méandres de la ligne avant de pouvoir agir sur la mouche.

.·.

Très peu de pêcheurs à la mouche sèche se contentent d'essayer les truites qu'ils voient, la plupart battent toute la rivière, lançant aux bons endroits, le long des berges, au pied des roseaux et des joncs, dans le courant, entre deux lignes d'herbes aquatiques, sous les arbres, les rochers, dans les tournants, sur le bord où le courant porte, à la sortie des fosses de moulins, etc. En règle générale, se souvenir que la pêche est meilleure au ras du bord de la rivière ou des bancs de roseaux qu'au milieu du courant.

II. — Dans la **pêche à la mouche noyée**, on laisse l'artificielle s'enfoncer dans l'eau, où elle est supposée représenter un insecte roulé par le courant ou, pour certains *hackle*, une larve aquatique.

Les pêcheurs habiles « travaillent » légèrement la mouche, c'est-à-dire qu'ils lui communiquent, par un imperceptible tremblotement du scion, des mouvements qui peuvent lui donner l'apparence d'un insecte vivant. Mais il faut pour cela un poignet très souple, et ceux qui n'ont point l'habitude de cet exercice feront bien de s'en méfier, car ils risqueraient fort, en l'exécutant mal, de mettre en fuite la truite la moins farouche.

L'attaque d'un poisson à la mouche noyée se révèle par un soulèvement de l'eau ; parfois à peine perceptible, par une traction brusque de la ligne, par le reflet produit par le mouvement de la truite. Il faut surtout éviter de ferrer trop vite et il est même fort souvent inutile de ferrer.

Certains s'en abstiennent même tout à fait, mais il vaut mieux, à mon avis, marquer l'attaque par un léger coup de poignet, car les salmonides ont une facilité merveilleuse pour rejeter, par une puissante chasse d'eau, ce qu'ils ont pris et ne leur plaît point (1).

Le ferrage de la truite en mouche sèche est plus délicat, car le coup de poignet n'est pas amorti par l'eau,

(1) De ce fait que la truite et le saumon prennent, dans certaines circonstances, n'importe quoi, on est tenté d'en conclure que ce sont des poissons tout à fait dépourvus d'astuce ; il ne faut pas oublier que la bouche est le seul organe de préhension et que s'il passe à leur portée quelque chose qui éveille leur curiosité, ils ne peuvent comme nous le saisir avec la main ! ! !

surtout si l'on pêche avec une soie graissée et par suite flottante, ce qui est excellent.

A l'inverse de la pêche à la mouche flottante, qui se pratique exclusivement en remontant le courant, la pêche à la mouche noyée peut se pratiquer indifféremment en remontant ou en descendant, avec cette remarque que si l'on pêche en descendant, on pique au minimum trois fois moins de poisson qu'en remontant, ce qui est logique, la truite ayant toujours la tête tournée vers le courant.

La plupart des amateurs de pêche à la mouche sont fanatiques exclusifs du *dry fly fishing*, car pour eux la pêche à la mouche noyée est du « sport illégitime ». Je reconnais que la pêche à la mouche flottante est la plus pure forme du sport, que, pratiquée même très imparfaitement, elle donne les plus grandes satisfactions.

Mais il ne faut cependant pas « excommunier » à tout jamais cette dernière qui a, elle aussi son charme et ses finesses.

Ma conviction intime est même que la pêche à la mouche noyée est incomparablement plus difficile à bien pratiquer et qu'elle exige une expérience infiniment plus longue.

Il faut, à la vérité, être éclectique, savoir choisir, suivant les circonstances, la bonne méthode. Certains jours, la mouche noyée sera seule capable de prendre du poisson, en particulier au début de la saison, et si le vent souffle à l'inverse du courant. En principe, à l'ouverture, pêcher à la mouche noyée, mais dès la fin avril, reprendre la mouche sèche.

Ceci n'est qu'une indication, ce n'est pas une règle.

De même sur certaines rivières, il vaut mieux la mouche flottante que noyée.

Un jour, sur la Vanne, je pris à la mouche noyée plus de vingt truites, petites, c'est vrai, mais dont aucune ne voulut prendre une artificielle flottante, malgré tous mes efforts et malgré la présence, à la surface de l'eau, de nombreuses éphémères.

C'est l'exemple le plus typique que j'ai vu et qui m'a bien prouvé la nécessité des deux méthodes.

Par contre, sur l'Eure, à Garennes, où on rencontre encore quelques belles truites, je ne me souviens pas en avoir jamais accroché autrement qu'en *dry fly*.

L'expérience peut seule répondre à cette question de savoir laquelle des deux méthodes est la meilleure, et la réponse dépend des rivières et des circonstances.

*
* *

Puisque l'on se base, pour déterminer la présence d'une truite, sur les ondulations qu'elle produit en montant à la surface de l'eau, nous allons étudier les diverses circonstances dans lesquelles cette indication peut apparaître :

1° D'abord dans le cas où le poisson monte pour gober un insecte flottant à la surface. On le remarque en observant attentivement la surface de l'eau, on verra descendre avec le courant des insectes qui seront régulièrement gobés en passant à l'endroit où se trouve postée la truite.

Dans ce cas, si on lance à peu près correctement, on peut considérer le poisson comme pris, car une artificielle acceptable, déposée convenablement à quelque 30 centimètres au-dessus du poisson, en aura raison. Si la truite observée est au fond de l'eau et que, par suite des obstacles, il soit difficile de lancer la mouche légèrement, employer, au lieu d'une éphémère, une imitation d'insecte terrestre : Black ant, Alder ou Cow Dung ;

2° La truite que l'on voit monter à la surface peut

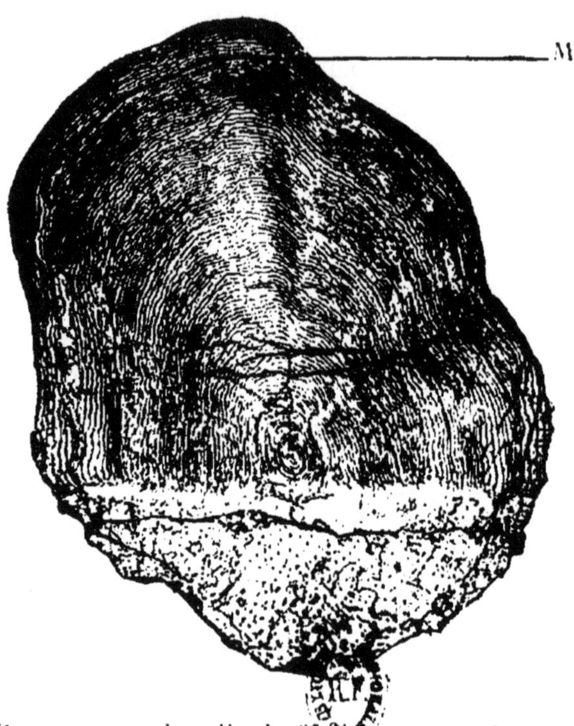

Écaille d'un saumon femelle de 35 livres capturé en août 1921 en Norvège.

Ce poisson **a passé** deux années en rivière, puis trois années en mer et est revenu en rivière pour frayer ; il porte une marque de ponte en "M" parfaitement visible, surtout à gauche de la photographie. Le saumon a ensuite passé une année en mer et est revenu en rivière pour frayer. C'est au cours de ce deuxième voyage qu'il a été capturé.

Photographie de la collection de M. W. A. Hunter, directeur de la maison Farlow de Londres.

être *minnowing* (1), c'est-à-dire qu'elle chasse des vérons; cela s'observe généralement sur des graviers de peu de profondeur, et c'est non seulement avec la tête, mais aussi avec la queue, le dos ou les nageoires qu'elle rompt la surface de l'eau et produit les ondes caractéristiques.

Il est absolument inutile de l'attaquer à la mouche sèche. On a quelques faibles chances de la tenter à la mouche noyée avec une énorme *Alexandra* ou mieux, un *Silver Doctor*, monté sur n° 4 (taille des mouches à saumon petites) ;

3° Si la truite est occupée à fouiller le fond de la rivière où elle cherche des larves aquatiques, elle remue l'eau de la queue, elle est dite *tailing* (1). On peut la prendre pour un poisson chassant à la surface, mais, après quelques secondes d'observation, on se rend compte facilement qu'elle n'est pas disposée à prendre la mouche. On n'a également aucune chance de la capturer en dry fly. On peut l'essayer en mouche noyée avec un Soldier palmer, un Hackle olive quill ou un Hackle Hare's ear ;

4° Une truite chassant des larves qui nagent ou montent à la surface de l'eau pour se transformer en insecte parfait est dite *bulging* (1). Il est rare qu'elle prenne la mouche sèche, mais on a beaucoup de chances de la capturer en mouche noyée avec un *Cock-y-Bondhu*, un *Soldier palmer* ou surtout un *Hackle Hare's ear* ou un *Hackle olive quill* de belle taille (n° 2, 3, 4) ;

Dans ce cas, comme dans le précédent on pourra aussi présenter au poisson les imitations de larves ou de nymphes spécialement établies pour pêcher à la mouche noyée.

---

(1) Il n'existe pas de mot correspondant en français.

5° L'eau est parfois couverte d'une grande quantité de tout petits insectes gros comme une tête d'épingle. La truite les dévore avec une extrême avidité, mais refuse tout autre, elle est alors dite *smutting*. Ces petites bêtes, qui appartiennent à la famille des *diptères*, sont évidemment impossibles à imiter, étant donné leur petite taille. On peut pêcher en mouche sèche avec les artificielles recommandées pour ce cas particulier et montées très petites : *Fisherman's Curse, Black gnat, Black ant*, ou alors des mouches de fantaisie tout à fait différentes mais aussi bien peu efficaces. Il y a peu de chances de succès, et c'est, avec la truite *rising short*, le cas le plus désespéré ;

6° La truite est dite *rising short* ou *coming short* lorsque, montant à la mouche délibérément, elle l'attaque franchement, la frappe d'un coup de tête ou d'un coup de queue, le mouvement est si rapide qu'il est impossible de s'en rendre compte, puis redescend sans qu'il soit possible de la ferrer.

On a cherché beaucoup d'explications à ces fausses montées de la truite, il n'y en a pas qui satisfassent complètement.

Une seule chose est bien certaine : la réalité du phénomène. Vous suivez attentivement votre artificielle, qui descend le courant lentement ; tout d'un coup, du fond de la rivière, une truite se jette brutalement sur la mouche, vous ferrez, rien, et cela dure parfois la journée entière.

Si vous prenez la peine d'observer la rivière, vous verrez que la truite fait de même avec les insectes naturels : une éphémère descend sur l'eau, les ailes bien droites, une truite bondit vers elle ; lorsque le bouillonnement de l'eau s'est calmé, vous retrouvez l'éphémère couchée sur l'eau, les ailes brisées. Sur la rivière du Pas-de-Calais, dont j'ai parlé plus haut et que je connais bien, j'ai vu très souvent la truite *rising short*, surtout dans les premiers mois de la saison, et cet état du poisson n'a pas échappé aux paysans qui pêchent à la mouche sur les quelques enclaves restées libres. Ils disent alors de la truite qu'elle *tape à noyer*, voulant sans doute exprimer ce fait que, quand la truite chasse ainsi, c'est d'instinct, pour son plaisir, et sans être affamée.

*
* *

C'est de l'état du poisson que l'on doit donc se rendre compte avant toute chose, et les quelques indications ci-dessus montrent que cela est très important.

Le poisson qui prend franchement des mouches à la surface de l'eau, peut le faire d'une infinité de manières différentes, depuis la truite minuscule qui saute hors de l'eau et retombe sur la mouche tête la première jusqu'à la grosse truite qui, bien à l'abri sous une racine, gobe du bout des lèvres, sans se déplacer, les insectes que le courant lui apporte en bonne place, et où d'imperceptibles bouillons révèlent à peine sa présence.

C'est de tout cela qu'il faut se rendre compte et aussi de ce qui se passera si le poisson attaque, de l'endroit où il faut conduire la victime pour l'épuiser convenablement, etc., etc.

Une excellente habitude à prendre est d'examiner le contenu de l'estomac des truites capturées ; il n'est pas nécessaire, pour cela, d'en faire une autopsie en règle, il suffit de secouer le poisson la tête en bas pour le faire dégorger. On trouve même parfois dans le gosier les derniers insectes pris. Souvent on rencontre des larves, des coquillages, des vérons, mais pas d'insectes. Lorsque l'examen est positif, on peut en tirer des renseignements utiles. C'est ainsi que lors des éclosions abondantes : *Mouches de mai*, *Iron blue duns*, par exemple, on trouve des amas compacts de ces insectes dans l'estomac des truites, et ceux-là à l'exclusion de tous autres, ce qui montre bien la nécessité de la mouche juste.

Lorsqu'on se prépare à attaquer une truite, prendre bien soin au bruit des pieds, ne pas sauter lourdement sur la berge. les corps solides et les liquides transmettent les vibrations sonores à une très grande distance et presque sans les atténuer. Le bruit de la voix n'a aucune importance, il ne saurait être perçu par le poisson (1).

L'influence du temps sur la pêche à la mouche n'est pas très régulière. L'on ne peut prévoir si une journée sera bonne ou mauvaise. Ce qui est certain, c'est que, par un ciel nuageux et une très légère brise, on a plus de chance de réussir que par une journée ensoleillée sans nuage et sans vent.

Dans ces dernières conditions, on ne peut espérer un bon sport, surtout en été.

Mais cela n'est pas absolument régulier et dépend des rivières ; je me souviens avoir fait sur la Risle une pêche exceptionnelle par une journée de chaleur que je prévoyais désastreuse.

Aucune conclusion à tirer de la direction du vent, sauf seulement que celui d'est ou du nord-est est souvent néfaste.

Il est bien rare qu'à une heure quelconque de la journée, la truite ne soit pas disposée à donner à la mouche.

Je crois que l'on peut affirmer que le meilleur mo-

---

(1) Tout le monde sait qu'en appuyant l'oreille contre le sol, on peut entendre de très loin le roulement d'une voiture alors que le bruit produit dans l'air ne sera perceptible qu'à une très faible distance.

ment est presque toujours le soir, vers la nuit, lorsque les *spinners* femelles tombent épuisés, les ailes étendues, et que les truites bondissent sur les gros *sedges* qui volent lourdement en rasant la surface de l'eau. La rivière, qui est restée calme tout le jour, s'anime peu à peu, tandis que le crépuscule s'avance. Quelques ronds espacés apparaissent sur les bords et le long des bancs d'herbes. Un *Sherry spinner* en bonne place est souvent la mouche juste.

Peu à peu les *montées* se multiplient en même temps que la nuit s'approche ; un *Coachman* ou un *Great Red sedge* pour finir, car l'obscurité vient rapidement et les petites éphémères semblent maintenant dédaignées. On suit avec beaucoup de peine le gros *sedge* roux dans la brume qui s'étend. C'est l'heure des plus belles émotions du sport, on risque à chaque instant la capture d'une de ces grosses truites que leur méfiance extrême ne laisse s'aventurer que le soir. Au ras de la bande de roseaux qui marque la rive, la gueule énorme d'une grosse truite a happé l'artificielle flottante au courant, la touche est imperceptible ; mais rapide, la pointe de la canne s'est relevée, un coup de poignet sûr a ferré la truite qui, surprise, s'élance en plein courant, déroulant le moulinet dont le cric troue le silence de la nuit d'un bruit assourdissant. La lutte est difficile dans l'obscurité, il faut bien connaître sa rivière pour toujours dominer le poisson et lui interdire les endroits dangereux que la brume du soir dissimule. La victime vient enfin à l'épuisette, et lorsque quelques minutes plus tard vous retrouverez l'ami qui, découragé ou moins averti, a quitté la rive, et vous demandera : « Quel sport ? » vous pourrez lui répondre en lui montrant une des plus belles truites de la rivière.

Vous assisterez souvent à des coups du soir caractérisés de la manière suivante : Un peu avant le coucher du soleil, la rivière commence à s'agiter, les montées du poisson deviennent excessivement nombreuses. Mais aucun ne veut prendre votre artificielle qui pourtant passe correctement : des poissons montent autour d'elle mais elle n'en tente aucun. Vous avez beau vous écarquiller les yeux, vous n'apercevez pas l'insecte gobé par la truite, votre puissante jumelle à prismes elle-même est incapable de vous donner une indication. Vous avez beau vous pencher sur le courant, vous ne pouvez distinguer à quoi s'adressent ces montées régulières.

Neuf fois sur dix, en cette occurrence, il s'agira de petits spinners à l'état de spent gnat, leurs ailes complètement transparentes sont étendues à plat sur l'eau et ils sont rigoureusement invisibles en pleine lumière. On ne pourra les observer qu'en les capturant dans le courant avec un filet de mousseline fine.

Les meilleures mouches à essayer alors sont le sherry spinner et surtout l'olive red spinner. Il faut monter ces artificielles sur un bas de ligne terminé en XXXX, pêcher avec une canne excessivement souple et avoir bien soin de ne pas ferrer trop vite.

On réussira parfois ainsi des pêches exceptionnelles.

.·.

Les avis sont partagés sur la question de savoir quels sont les meilleurs mois de l'année. J'ai pour ma part toujours fait mes plus belles pêches en avril et en mai. Après la mouche de mai, qui se termine vers le 20 juin, il me semble que la pêche est moins bonne ; la truite, très attaquée pendant la quinzaine de *la mouche*, est plus méfiante ; les mauvaises journées, celles où la rivière paraît dépeuplée, deviennent plus nombreuses. Par contre, le coup du soir devient d'une efficacité croissante.

En août le sport redevient meilleur et l'on réussit souvent très bien en septembre. En somme, la pêche à la mouche peut se pratiquer toute l'année malgré qu'il y ait une saison bien déterminée.

Le mois de mars est souvent très bon. Beaucoup de sportmen ne commencent pas à pêcher la mouche dès l'ouverture, car la température, étant alors très basse, ils ont l'impression qu'il n'y a pas de mouches naturelles. C'est là une complète erreur ; et les pêcheurs d'Ombre savent que des éphémères volent sur l'eau en décembre et en janvier. Les larves d'éphémères et les truites vivent dans des rivières dont la température ne dépasse guère 14 à 15° en été et ne descend pas au-dessous de 4° en hiver ; les variations de température de l'eau ne les impressionnent guère, car elles sont lentes et peu étendues ; quant à celles de l'air extérieur, elles n'ont et ne peuvent avoir aucune influence, car elles ne sont pas perceptibles pour le poisson.

LES ÉCLOSIONS
ET LE CHOIX DES MOUCHES

La pêche de la truite à la mouche flottante est généralement bonne au moment des éclosions d'éphémères, de trichoptères ou de la chute sur l'eau de spinners ou de spent gnats ou de la présence sur la rivière, par suite de circonstances fortuites, de mouches terrestres.

Nous allons passer en revue rapidement les diverses mouches qui apparaissent sur les rivières à truite de France au fur et à mesure que la saison s'avance.

Dès l'ouverture, *en mars*, on peut observer des éclosions d'éphémérines du genre Baetis. Les éclosions sont de très courte durée : une demi-heure, une heure au plus. Elles se placent généralement après onze heures du matin. On a, en mars rarement l'occasion de voir des spinners sur l'eau et il y a peu de trichoptères.

Sur quelques rivières françaises très rares, on verra, dans les derniers jours de mars apparaître un petit trichoptère : le Grannom ou Green Tail. Il doit son nom à ce que la femelle porte à l'extrémité du corps un petit sac d'œufs de teinte bleue-verdâtre. Sur la Touque, les pêcheurs locaux la confondent avec la March brown

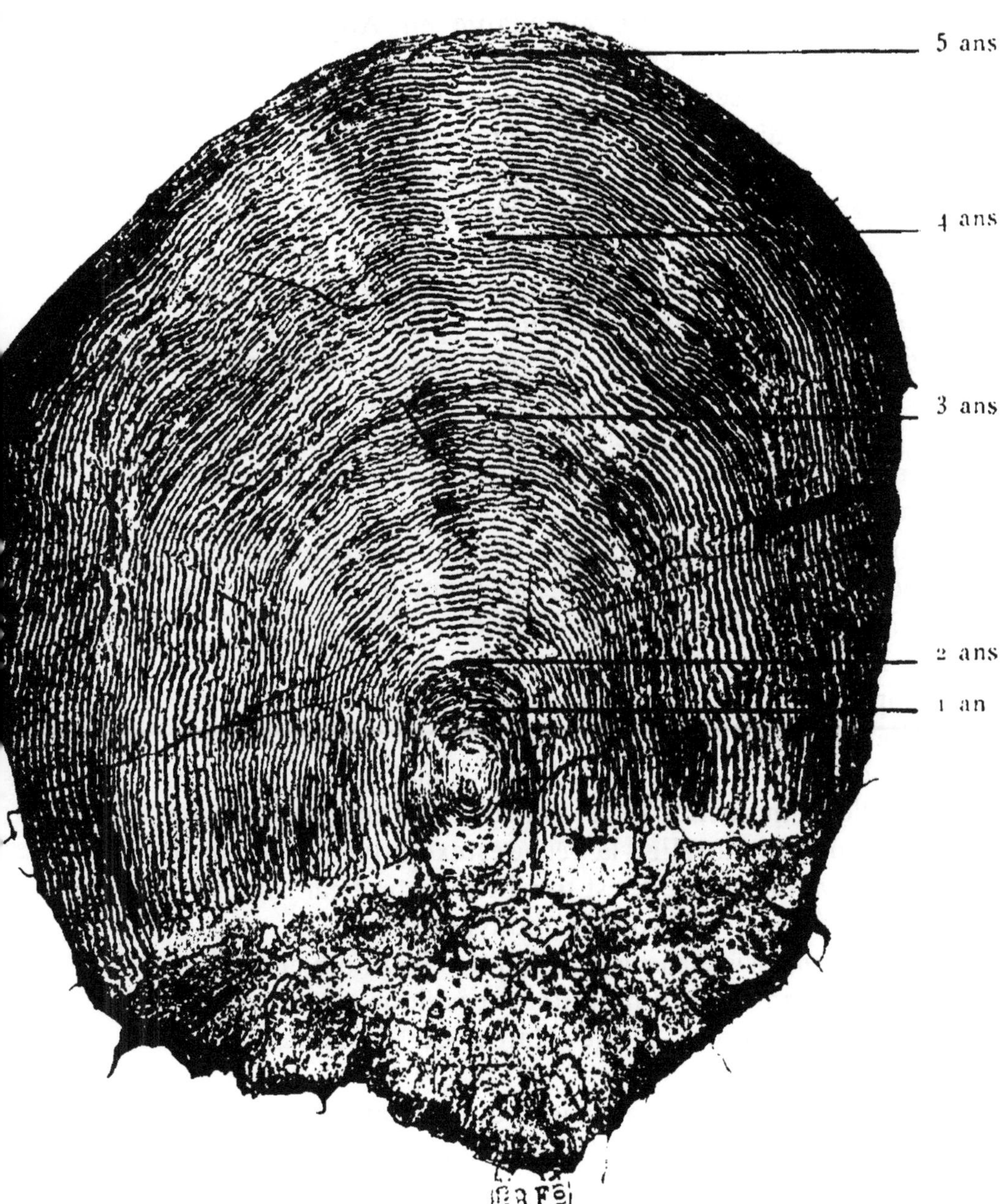

Écaille d'un saumon femelle de Norvège de 26 livres. Ce poisson a passé deux années en eau douce, puis trois années en mer. Il a été capturé à son premier retour en rivière et avant d'avoir frayé.

Photographie de la collection de M. W. A. Hunter, directeur de la maison Farlow de Londres.

qui est une éphémère abondante en Angleterre mais pour ainsi dire inexistante en France.

Malheureusement le Grannom est en voie de disparition. Je dis malheureusement pour plusieurs raisons : d'abord parce que la pêche était à cette époque très intéressante bien que particulièrement difficile, ensuite parce que ces mouches excessivement abondantes fournissaient une excellente nourriture à la truite qui était rapidement en bonne condition, enfin parce que dès le début de la saison ces éclosions donnaient au poisson l'habitude de prendre ses repas à la surface de l'eau.

Ces petits trichoptères apparaissent en nombre formidable, l'éclosion commence généralement vers onze heures du matin et pendant une heure, un véritable nuage d'insectes sort de la rivière qui est couverte d'enveloppes vides abandonnées au moment de la transformation de la larve en insecte ailé.

Il y a quelquefois, si le temps est beau, une deuxième apparition de mouches vers cinq heures du soir mais beaucoup moins importante.

Le début et la fin de l'éclosion sont certainement les meilleurs moments. Mais, par suite de l'énorme quantité de mouches naturelles, la pêche est excessivement difficile et décevante, mais elle est très intéressante car toutes les truites de la rivière sont en mouvement.

Si l'on assiste à une éclosion de Grannom et que l'on n'ait pas en poche d'imitation spécifique on se trouvera bien de l'emploi d'une Hare's ear de taille appropriée (n° 1).

Le Grannom reste en saison quinze jours environ.

Après la saison du Grannom, on observe comme après celle de la mouche de mai une période de calme pendant laquelle les truites montent fort peu à la mouche et qui dure deux semaines environ.

Toutefois, en mars, si l'on n'a pas la chance de se

trouver en présence d'éclosions caractérisées on emploiera avec succès la mouche noyée.

En effet l'examen du contenu stomacal des truites capturées durant ce mois indique que la majorité de la nourriture de la truite, dans une proportion de 90 p. 100 au moins est prise sous l'eau.

Elle est formée, en général, des animaux suivants rangés par ordre d'importance :

Crevette d'eau douce (Gammarus pulex).
Larves de Phryganides (surtout Drusus et Rhyacophila).
Larves de Perles et de Diptères.
Larves d'Ephémérines (surtout Baetis et Centroptilum).

Ceci, bien entendu sans tenir compte des vairons, chabots, etc.

A cette époque les larves de Phryganes seront incomparablement plus nombreuses que celles des éphémères qui sont profondément enfoncées dans le fond de la rivière ; parfois à plusieurs dizaines de centimètres.

On trouvera décrit dans un chapitre ultérieur les artificielles qu'on pourra essayer en mouche noyée.

Dans les rivières de montagne, en mars, la nourriture de la truite est entièrement prise sous l'eau et la mouche sèche est complètement inutilisable.

En *avril* le nombre des Éphémères du genre Baetis devient plus considérable, leurs spinners sont plus régulièrement trouvés sur l'eau et la pêche à la mouche flottante peut être pratiquée avec plus de succès car les éclosions sont de plus longue durée. On trouve également en abondance les Éphémères du genre Cloëon : *Iron Blue Dun, Whirling Blue Dun.*

Le soir, on trouve un peu plus de trichoptères.

Les diptères deviennent aussi plus nombreux, il faut signaler la *Hawthorn Fly* souvent abondante vers la fin d'avril et aussi la *Cow dung.*

En avril, l'examen du contenu stomacal des truites capturées montre une plus forte proportion d'insectes ailés. Toutefois la variété des larves mangées par le poisson a augmenté et c'est le mois par excellence de la pêche à la mouche noyée. On trouve en quantités presque égales les larves de Perlides, de Phryganides (Drusus, Limmnophilus, Rhyacophila, Stenophylax, Odontocerum) d'Éphémérines (Baetis, Ephemerella) et de Diptères (Chironomide, Simulium, etc.). On trouve également des crevettes et des poissons.

En *mai* se continuent les éclosions des éphémères du genre Baetis et Cloëon, les espèces qui apparaissent portent des couleurs de plus en plus vives au fur et à mesure que la saison s'avance. Les éclosions commencent rarement avant dix heures du matin mais se prolongent souvent jusqu'au soir.

L'*Iron Blue* continue à être en saison jusqu'à la fin du mois.

On rencontre également le *Pale Watery Dun* et son imago le *Pale Watery Spinner*.

Les Éphémérines à l'état d'imago, les spinners, reviennent de plus en plus nombreux vers la rivière.

Le *Black Gnat* et tous les smuts ou curses apparaissent également en mai, généralement au début du mois.

Sur certaines rivières, on peut observer en grand nombre la mouche de chêne : *Oak Fly* ou *Down Looker*. Son aspect est caractéristique : le corps plié en deux, le thorax et la tête dirigés vers le sol.

Les Trichoptères deviennent de plus en plus abondants et la couleur des espèces nouvelles qui apparaissent tire, en général, vers le roux.

Vers la fin du mois, habituellement dans les quatre ou cinq derniers jours, apparaît la mouche de mai qui reste environ trois semaines en saison.

Tout le monde connaît et a observé cette grande éphémère.

Halford signale sa disparition progressive sur les rivières anglaises. Nous observons en France le même phénomène et j'ai pu constater moi-même, sur certaines rivières, l'Iton en particulier, l'exactitude de ce fait.

Si je le regrette personnellement, c'est que cela est probablement l'indice que les eaux de nos rivières sont de plus en plus souillées par les déchets industriels et urbains. Mais au point de vue sport, la pêche à la mouche perd en cette saison de sa finesse et de son charme. Certainement, on prend de beaux poissons et en nombre respectable, mais le maniement de cette grosse artificielle est peu plaisant et si les éclosions sont très abondantes, la pêche devient impossible car il est inutile de placer votre mouche parmi les milliers d'éphémères qui couvrent la rivière. La pêche n'est possible que dans les cinq ou six premiers jours de la saison de la mouche de mai et ensuite, une demi-heure ou une heure au début de l'éclosion et quelquefois en fin de journée avec des spent gnats.

Enfin la saison de la mouche de mai fait que les rivières sont encombrées d'une infinité de pêcheurs d'occasion. Leur présence et leur façon de pêcher effraient la truite et développent encore sa méfiance naturelle.

L'examen du contenu stomacal des poissons capturés en mai montre que les truites prennent de plus en plus leur nourriture à la surface. On trouve sensiblement les mêmes larves que les mois précédents.

En juin, on retrouve presque tous les insectes qui ont apparu en mai, en particulier les éphémères et les trichoptères.

On peut ajouter l'*Alder* souvent très abondant et excellent les jours de vent.

Parmi les trichoptères, il faut signaler le *Welshman's Button* très répandu dans nos rivières. Même remarque pour les *Black* et *Brown Silver Horns*.

Les artificielles de la classe des sedges et les spinners prennent plus d'importance à cause de l'efficacité croissante de la pêche à la tombée de la nuit : Le « coup du soir » devient de plus en plus caractérisé.

Les truites prennent très régulièrement leur nourriture à la surface.

L'examen du contenu stomacal montre que les larves d'éphémères sont en beaucoup plus petit nombre, elles ont disparu par suite d'éclosions. On rencontre toujours beaucoup de larves de Trichoptères, de Perlide et surtout de diptères.

En Juillet et Août, on rencontre les mêmes insectes qu'en juin, mais leur abondance diminue progressivement.

Le *Blue Winged Olive Bun* et son imago le *Sherry Spinner* deviennent très nombreux au début de juillet et répandus partout, ils restent en saison jusqu'en septembre.

Le *Sherry Spinner* est une mouche du soir remarquable surtout pour le début de la soirée, lors des premières montées de truites qui commencent à prendre position pour la chasse du soir. Un peu plus tard, il faut la remplacer par un modèle de sedge en rapport avec les trichoptères que l'on observe sur la rivière et qui chaque jour deviennent plus abondants et dont le nombre ne commence à faiblir que vers le milieu de septembre.

Les derniers spécimens de *Welshman's Button* ont disparu vers le 15 juillet et le *Brown Silver Horns* à la fin d'août.

En juillet et août, la nourriture de la truite est excessivement variée : 5o p. 100 en moyenne au moins est prise à la surface mais le poisson mange moins, il n'a plus, comme au printemps, le souci de reconstituer son organisme appauvri par la période du frai et sa voracité s'en ressent.

Dans les poissons que l'on capture, on trouve de moins en moins de larves de Phryganes et d'Éphémères, celles de diptères sont toujours abondantes. Dans les rivières calmes, beaucoup de crevettes d'eau douce.

En septembre, on trouve toujours les éphémères des genres Baetis, Cloëon, et Ephemerella, mais la durée des éclosions se restreint.

Les trichoptères sont toujours très abondants, mais toutefois en voie de décroissance.

La *Willow Fly* apparaît généralement en septembre et est commune à peu près partout.

*

Pour terminer cette rapide revue de la saison des mouches à truites, j'insiste sur ce fait que ces renseignements sont simplement des indications qui peuvent guider un débutant, mais ils n'ont pas une valeur absolue et l'on voit souvent certains insectes en avance ou en retard, parfois de plusieurs semaines d'une année à l'autre. Il appartient donc à chaque sporstman de faire lui-même ses observations personnelles sur la rivière qu'il pratique.

Voici un tableau récapitulatif des indications données plus haut :

Artificielles qui *peuvent* être utilisées en tout temps :

Série des Olive duns.
Série des Blue duns.
Série des Blue winged olive duns et spinners.

Pale watery dun.
Silver sedge.
Orange sedge.
Cow dung.
Coch-y-Bondhu.
Black palmer.
Brown palmer.
Soldier palmer.
Wickham fancy.
Greenwell's Glory.

Mars

Olive duns et spinners (plutôt sombres).
Blue duns, Red spinners.
Fern Fly.

Avril

Olive duns et spinners (plutôt foncés).
Blue duns, Red spinners.
Iron blue dun.
Jenny spinner.
Fern Fly.
Hawthorn fly.
Sand fly.

Mai

*Olive duns et spinners (spécialement les modèles genre
    Hare's ear).*
Blue duns et Red spinners.
Iron blue dun.
Black gnat,
Brown ant.
Oak fly ou Down Looker.
Sky blue.
Fern fly.
Alder.
Wickham fancy.

Juin

Alder.
Brown ant.
Black gnat.
Brown Silver horns.
Blue duns et Red spinners.
Hawthorn fly.
Pale watery dun.
Orange dun.
Olive duns et spinners (tous modèles).
Sky blue.
Welshman's Button.
Wickham fancy.

Juillet

Alder.
Black ant.
Black gnat.
Brown ant.
Blue duns et Red spinners.
Brown Silver horns.
Black Silver horns.
Blue winged olive dun.
Olive duns et spinners (tous modèles).
July dun.
Orange dun.
Pale evening dun.
Pale watery dun.
Red palmer.
Sherry spinners.
Wickham fancy.

Août

Black gnat.
Blue duns et Red spinners.
August dun.

Brown ant.
Black ant.
Black Silver horns.
Brown Silver horns.
Blue winged olive dun.
Olive duns et spinners (tous modèles).
Little pale Blue dun.
Pale Evening dun.
Sherry spinner.
Red palmer.
Whirling blue dun.
Wickham fancy.

Septembre

Blue duns et Red spinners.
Black gnat.
Blue winged olive dun.
Iron blue dun.
Little pale blue dun.
Olive duns et spinners (plutôt sombres).
Sherry spinners.

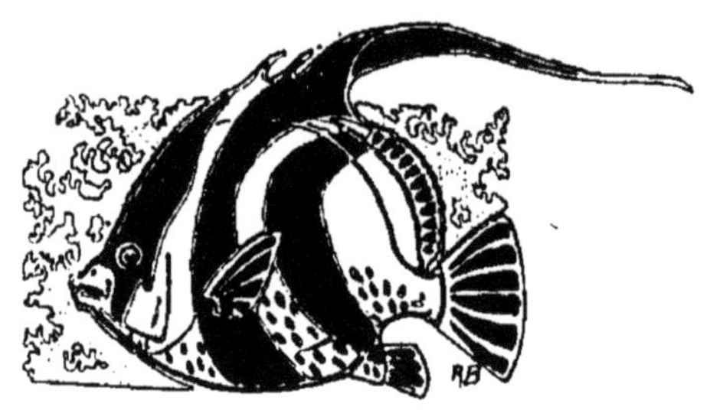

LES MOUCHES A TRUITES DES RIVIÈRES FRANÇAISES.

———

Nous venons de passer en revue plus haut les diverses mouches que l'on a chance de rencontrer sur les rivières à truites de France. Il reste maintenant la question de l'imitation de ces insectes.

Dans un livre récent : *The Way of a Trout with a Fly*, M. Skues donne la reproduction photographique du *Blue Dun* imité de dix façons différentes, suivant les diverses écoles anglaises ; Hampshire, Derbyshire, Yorkshire, Usk, Devon, Tweed, Clyde, etc.

Un débutant se trouvera embarrassé, il prendra parmi les dix un modèle quelconque et le hasard seul peut le servir dans son choix. Il est vrai qu'en France les marchands d'articles de pêche ont résolu la difficulté en n'offrant en mouches sèches que les modèles en usage dans le Hampshire. Ils flottent comme un bouchon, c'est entendu, mais ce n'est qu'en exagérant l'importance du hackle et cela au détriment de la netteté de la silhouette.

De plus, certaines mouches communes en Angleterre sont plutôt rares en France, telles la *March Brown*, la *Turkey Brown*, la *Yellow Sally*, la mouche de *Mai brune*, etc.

Nos rivières des Alpes et des Pyrénées possèdent une faune particulière : les larves d'Ephémères, de Trichoptères, de Perlides, de Diptères qui y vivent ont subi une adaptation au milieu où elles se trouvent. Cette adaptation est caractérisée par un aplatissement du corps et par l'augmentation de la surface d'adhésion pour résister au courant. Les larves à fourreau ont constitué celui-ci en petits cailloux et l'ont fortement déveleppé pour augmenter le poids du corps et résister au courant. Certaines larves ont même des organes de fixation temporaire : ventouses ou crochets.

Je suis persuadé que la petite Phryganide désignée sous le nom de *Stenophylax piscicornis* très commune dans la vallée de Chamonix est inconnue en Grande-Bretagne et que l'on peut en dire autant de la *Rhyacophila Torrentium* décrite par Pictet ou de la petite éphémérine dénommée *Epeorus Torrentium*.

D'autre part, il est certain que la proportion de Trichoptères par rapport aux Ephémères est beaucoup plus forte en France qu'en Angleterre.

Pour toutes ces raisons, je pense qu'il est intéressant de résumer dans deux séries types, l'une pour la mouche sèche, l'autre pour la mouche noyée, les artificielles indispensables au pêcheur de truites sur nos rivières, chacune de ces mouches étant montée dans le style que l'expérience a prouvé donner les résultats les plus probants.

I. — Série des Mouches noyées.

Nº 1. — BROWN AND GOLD HACKLE.

Corps : laine brun foncé cerclé d'un tinsel doré plat.
Hackle : noir.
Hameçon : courte tige, corps prolongé jusque dans la courbure de l'hameçon.

Deux tailles hameçons Perfect Nᵒˢ 7 et 10.

Nᵒ 2. — Pale brown and Gold Hackle.

Même modèle que ci-dessus, mais corps de laine brune très pâle et hackle roux.

Nᵒ 3. — Grey and Gold Hackle.

Même modèle que les précédents, mais corps de laine gris, hackle gris bleu de fer.

Nᵒ 4. — Orange hackle.

Corps de laine orange, hackle roux.

Ces mouches sont spécialement destinées à la pêche à la mouche noyée dans les rivières à courants rapides et les torrents de montagne. Le corps doit être prolongé jusque dans la courbure de l'hameçon.

Les Nᵒˢ 1, 2 et 3, sont bons au début de la saison, particulièrement le *Nᵒ 3*.

Le Nᵒ 4 est une mouche d'été à utiliser par temps sombre et chaud, particulièrement quand le vent souffle à l'inverse du courant et que les truites ne moucheronnent pas.

Nᵒ 5. — Rubber and grey.

Cette mouche est, comme le Nᵒ 6 montée sur des hameçons à tige droite, de préférence sur sneck bronzé à œillet Nᵒˢ *1, 2, 3 et 4*.

Corps : caoutchouc cerclé d'un tinsel d'or plat. Le corps doit être monté plutôt fin.

Hackle : gris très léger.

Nᵒ 6. — Rubber and Red.

Même modèle que le Nᵒ 5, mais hackle roux très léger.

Ces deux artificielles donnent d'excellents résultats sur les chalk streams au début de la saison. Elles peuvent toutefois être utilisées toute l'année. On se trouvera bien de leur emploi au début des éclosions au moment où les truites poursuivent les nymphes en voie de transformation, avant que les insectes parfaits soient en nombre suffisant à la surface pour que les truites les prennent exclusivement.

N° 7. — RUBBER HACKLE MAY FLY.

Corps : caoutchouc annelé d'un tinsel d'or plat.
Hackle : plume de canard teinte jaune verdâtre.
Queue : trois barbes d'un grand hackle de coq.
Hameçon : spécial à tige extra longue N° 10 au 12 (numérotage spécial).
Excellente pour la saison de la mouche de mai, au début de l'éclosion dans la matinée.

N° 8. — HACKLE MÉDIUM OLIVE QUILL.

Corps : quill teint vert olive moyen.
Hackle : coq teint vert olive moyen.
Queue : Trois barbes d'un grand hackle de coq noir.
Hameçon : sneck ordinaire N°ˢ o et 1.

N° 9. — HACKLE BLUE DUN.

Corps : de fourrures mélangées teinte gris bleuâtre.
Hackle : de coq gris pâle.
Queue : Trois barbes d'un grand hackle de coq.
Hameçon : Sneck ordinaire N°ˢ o et 1.

N° 10. — HACKLE HARE'S EAR AND GOLD.

Corps : fourrure foncée de l'oreille de lièvre cerclé d'un mince fil d'or.
Hackle : roux de coq.
Queue : Trois barbes d'un grand hackle roux de coq.
Hameçon : Sneck ordinaire N° oo à 2.

No 11. — HACKLE SHERRY SPINNER.

Corps : quill rouge foncé.
Hackle : de coq roux très pâle.
Queue : trois barbes d'un grand hackle roux de coq.
Hameçon : Sneck Nos oo, o et 1.

No 12. — BLUE DUN.

Ailes : plumes de bécassine ou d'étourneau.
Corps : Fourrure grise annelé d'un fil de soie jaune.
Hackle : Gris bleu de coq.
Hameçon : Sneck No o ou 1.

No 13. — OLIVE DUN.

Même modèle que le No 8 avec ailes étourneau.

No 14. — PALE BROW SEDGE.

Corps : laine brun pâle.
Ailes : bécasse ou râle de genêts.
Hackle : roux de coq.
Hameçon : No o, 1, 2, et 3.
Imitation générale des sedges. Les ailes doivent être inclinées sur la tige de l'hameçon.

No 15. — PALE RUBBER NYMPH.

Imitation générale de larves.
Corps : caoutchouc cerclé d'un mince fil d'or.
Corselet : on enroule autour du corps et à partir du milieu de celui-ci jusqu'à la tête une ou deux barbes de plume d'autruche teinte naturelle.
Hackle : gris de coq, très peu fourni en poils et très court.
Hameçon : à longue tige No 14 et No 16.

No 16. — DARK RUBBER NYMPH.

Imitation générale de larves.
Corps : caoutchouc cerclé d'un mince fil d'or.

Corselet : On enroule autour du corps et à partir du milieu de celui-ci jusqu'à la tête une ou deux barbes de plume de la queue du paon.

Hackle : Coch-y-Bondhu de coq très peu fourni en poils et très court.

Hameçon : à longue tige No 14 et No 16.

II. — **Série des mouches flottantes.**

No. 1 — DARK OLIVE DUN.

No 2. — MEDIUM OLIVE DUN.

No 3. — PALE OLIVE DUN.

Ces trois artificielles sont très importantes et d'un usage général à peu près toute l'année. Le No 1 Dark olive dun est celui que l'on a le plus souvent l'occasion d'utiliser.

Leur montage a été décrit précédemment. Il a été indiqué avec un corps en quill. Il peut aussi être établi en fourrure ou en crin de cheval teint. Le point important est d'employer des matériaux dont les couleurs ne sont pas trop crues. Il faut des teintes olive passées.

Pour le *Dark olive dun* se tenir dans la note des teintes Nos 153, 154 et 158 du code des couleurs.

Pour le médium olive dun les Nos 166 et 153 D.

No 4. — OLIVE SPINNER.

Excellente mouche du soir décrite précédemment.
Corps : teinte No 178.
Hackle : teinte No 128 D.

No 5. — BLUE DUN.

No 6. — HARE'S EAR.

Deux excellentes imitations d'éphémères utilisables presque toute la saison (décrites précédemment).

N° 7. — Iron blue dun.

Très bonne mouche ne se trouve pas sur toutes les rivières.

N° 8. — Blue winged olive dun.

N° 9. — Sherry spinner.

Ces deux artificielles qui correspondent à la même éphémère, l'une à l'état de subimago, l'autre à l'état d'imago sont très utile en été, cette éphémère étant très répandue et très abondante.

La teinte de l'aile du subimago est difficile à obtenir juste.

Le sherry spinner est certainement une des meilleures mouches pour la fin de l'après-midi en été. Teinte générale n°ˢ 128 D et 103 D.

N° 10. — May fly.

N° 11. — Spent gnat.

Ces deux modèles suffisent pour la pêche à la mouche pendant la saison de la mouche de mai (Artificielles décrites plus haut. Voir également au chapitre, sur la fabrication des mouches artificielles, la description du modèle de Spent gnat de M. Henderson).

N° 12. — Black gnat.

Cette artificielle n'est utile que pendant la saison du Black gnat. Cette mouche est excessivement abondante dans la plupart de nos rivières. Elle donne des résultats très irréguliers (décrite précédemment).

N° 13. — Alder.

Excessivement abondante sur nos rivières en mai et juin. Les truites en sont très friandes et l'artificielle réussit fort bien (décrite plus haut).

LANCER DE LA MOUCHE A SALMON OVERHNAD.
Position pendant le Back-Cast.

Nᵒ 14. — WELSHMAN'S BUTTON.

Commune sur presque toutes nos rivières où elle apparaît en même temps que la mouche de mai. L'artificielle réussit remarquablement. Voici sa formule:

Ailes : de poule teinte en brun (Nᵒ 89 du code des couleurs).

Corps : laine chocolat (Nᵒ 64) cerclé de soie brun clair.

Hackle : Coch-y-Bondhu de coq.

Hameçon : Nᵒ 2 et Nᵒ 3.

Nᵒ 15. — HARE'S EAR SEDGE.

Imitation générique de phryganes. Même montage que la Hare's ear Nᵒ 6, mais les ailes sont fixées couchées le long du corps comme il est d'usage pour les trichoptères. Doit être montée en diverses tailles. Hameçons Nᵒˢ 1, 2, 3, et 4.

Excellentes mouches du soir.

Nᵒ 16. — ORANGE SEDGE.
(décrits plus hauts)

Même remarque que pour le numéro précédent. Teinte générale Nᵒ 127.

Nᵒ 17. — SMALL DARK SEDGE.

Ailes : râle de genêt ou poule marron foncé.

Corps : laine ou fourrure marron très foncé.

Hackle : brun foncé de coq.

Hameçon : Nᵒ 1.

L'OPTIQUE ET LA PÊCHE

Il a été beaucoup écrit sur la vision du poisson dans l'eau. On a émis sur cette question des opinions souvent fantaisistes, et dont le moins qu'on puisse dire est qu'elles manquaient totalement de bases scientifiques.

1° **Vision dans l'eau**. — D'après l'expérience, il ne semble pas que l'œil de la truite puisse percevoir des objets placés dans l'eau au delà de dix mètres dans une direction horizontale.

Il est infiniment probable que les organes visuels de ce poisson pourraient percer une tranche d'eau plus importante dans le sens vertical, mais cette question n'intéresse pas les pêcheurs à la mouche.

Il n'y a donc pas grande chance pour qu'un pêcheur de truites opérant dans l'eau, mette en fuite le poisson situé à plus de dix mètres de lui, ceci par la vue de la partie immergée de son corps. Par contre, la partie émergente située dans l'air sera visible à de beaucoup plus grandes distances mais, toutefois, dans les zones extérieures à la rivière qui peuvent être perçues par l'œil du poisson et qui seront déterminées plus loin.

Par suite de la disposition latérale de ses yeux, la truite ouit d'une vue panoramique très étendue. Il n'est certainement pas exagéré d'estimer à 3oo degrés l'ouverture angulaire dans laquelle les objets peuvent être perçus par elle.

Par contre, les objets situés aux extrémités droites et gauches de l'angle visuel doivent paraître à des distances imprécises, étant donnée l'absence de vue binoculaire qui interdit la vision stéréoscopique.

2° **La vision à l'extérieur de l'eau**. — Tout le monde sait que sous une incidence oblique, tout rayon qui passe d'un milieu transparent dans un autre milieu transparent, subit une déviation, quant à sa direction qui se nomme réfraction.

Ce phénomène est soumis aux deux lois suivantes, connues sous le nom de lois de Descartes :

1° Le rayon réfracté reste dans le plan d'incidence.

2° Le rapport du sinus de l'angle d'incidence au sinus de l'angle de réfraction est constant pour les mêmes milieux, quelle que soit la valeur de l'angle d'incidence.

C'est le phénomène de réfraction qui fait qu'un bâton qui plonge en partie dans l'eau paraît brisé.

Lorsque des rayons lumineux se présentent pour passer d'un milieu dans un autre milieu plus réfringent par exemple de l'air dans l'eau, le calcul et l'expérience montrent que s'il y a des rayons réfléchis par la surface du second milieu, il y a toujours des rayons qui y pénètrent quel que soit l'angle d'incidence de ces rayons.

Au contraire, lorsque des rayons se présentent pour passer d'un milieu dans un autre moins réfringent, par exemple de l'eau dans l'air, ce qui est le cas qui nous intéresse, puisqu'il s'appliquera à la vision de l'œil immergé de la truite, alors, dans certains cas ce passage devient impossible.

Ce qui veut dire que l'œil d'une truite, en un point déterminé de la rivière, sera incapable d'apercevoir des objets du rivage, placés sous un certain angle, les lois de la réfraction ne permettant pas aux rayons qui pourraient atteindre ces objets, de sortir de l'eau.

Supposons (voir fig. 53) en O l'œil de la truite regardant vers la surface plane de l'eau, un rayon O-A sort dévié en s'écartant de la normale suivant la direction AX, l'intensité lumineuse de ce rayon AX étant plus faible que celle du rayon OA, car une portion de la lumière incidente est réfléchie par la surface de l'eau. Cela sera encore sensible pour le rayon OB qui se présente sous un angle d'incidence plus grand et sort de plus en plus dévié vers l'horizontale, suivant la direction BY et avec une intensité plus faible encore que dans le cas précédent.

Puis, si l'on prend le cas d'un rayon OC qui présente un angle d'incidence encore plus accusé, il sera réfléchi en totalité suivant la direction CZ, et aucun rayon n'atteindra le milieu extérieur.

Un calcul excessivement simple (1). vérifié par l'expérience, montre que les rayons ne peuvent sortir de l'eau que s'ils se présentent sous un angle d'incidence inférieur à 48 degrés.

En conséquence, pour l'œil plongé dans l'eau, le ciel

---

(1) La deuxième loi de Descartes est exprimée par la formule :

$$\frac{\text{Sin. } I}{\text{Sin. } R} = N$$

pour l'eau $N = \frac{3}{4}$

d'où $\sin I = \frac{3}{4} \sin R$

Pour qu'aucun rayon ne sorte de la masse liquide, il faut que l'angle de réfraction R soit égal à 90°, c'est-à-dire soit réfracté suivant l'horizontale. Dans ce cas $\sin R = 1$ et la formule devient :

$$\sin I = \frac{3}{4}$$

ce qui correspond pour l'angle I à une valeur très légèrement supérieur à 48°.

apparaîtra réduit à un cercle sous-tendant un angle de 96 degrés, l'apparence étant la même que si la surface de l'eau était couverte par une plaque de tôle opaque percée d'un trou circulaire.

Pour concrétiser ceci, nous allons examiner de quelle façon est perçue par une truite, une échelle des hauteurs

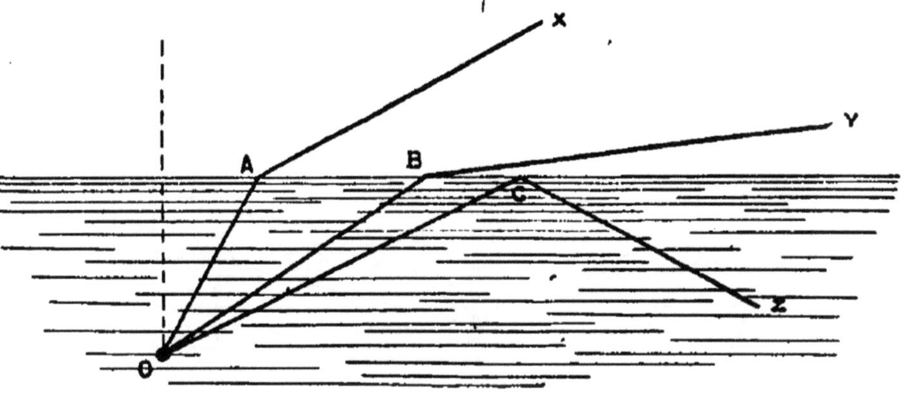

Fig. 53.

de l'eau, placée dans une rivière et dont une partie émerge dans l'air, la partie inférieure restant plongée dans la rivière.

L'œil de la truite (voir fig. 54), étant supposé en A, apercevra sous l'eau et sans la moindre déformation la partie de l'échelle comprise entre B et K. Au-dessus, dans l'angle C A B, la truite verra se réfléchir sur la partie de la surface de l'eau comprise entre C et B, comme sur un miroir, une partie de l'échelle immergée B K, la direction A C marquant l'angle limite de 48 degrés, au delà duquel la vision à l'extérieur est impossible. Enfin dans l'angle C A D, la truite apercevra la partie extérieure de l'échelle B H, mais, celle-ci ne lui apparaîtra pas avec ses dimensions réelles, la partie inférieure, celle située près de B, lui apparaîtra considérablement rapetissée et peu éclairée, les dimen-

sions des divisions de l'échelle lui apparaîtront de plus
en plus longues au fur et à mesure que les rayons lumineux s'approcheront du point H et que leurs angles
d'incidence tendront vers la normale.

Voici les conclusions qu'un pêcheur de truites peut

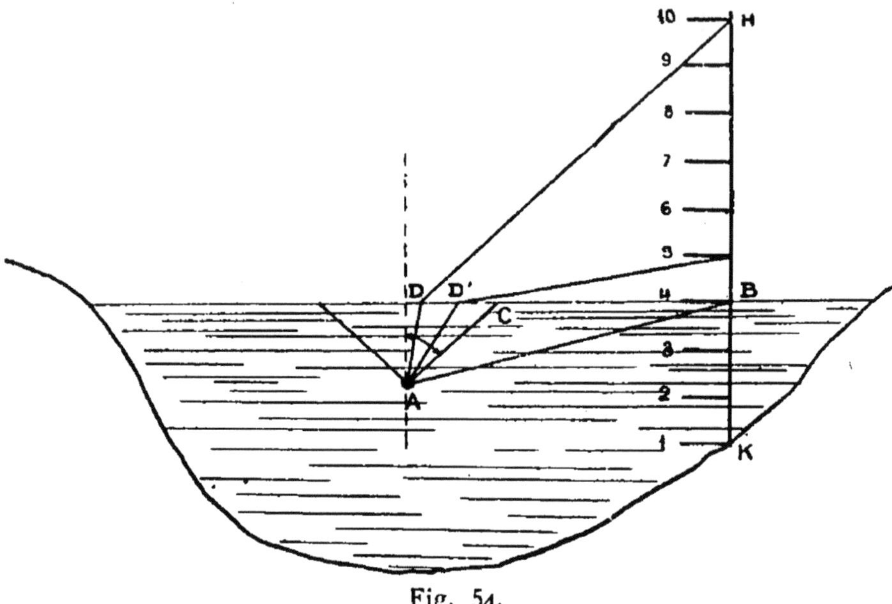

Fig. 54.

tirer de l'étude ci-dessus, que beaucoup ne manqueront
pas de trouver aride :

Plus l'objet sera placé bas, c'est-à-dire près du niveau
de la rivière, puis il apparaîtra petit au poisson. Il ne
sera jamais invisible totalement, mais il apparaîtra
d'une taille tellement réduite et avec une telle diminu-
tion de luminosité, que même si cet objet est animé, ses
mouvements seront imperceptibles pour l'œil de la
truite. Tous les pêcheurs ont observé d'ailleurs, que
plus ils se tiennent bas sur l'eau, moins ils effraient le
poisson. Cela est une vérité indiscutée, même pour ceux
qui n'ont aucune idée des lois les plus élémentaires de
la physique.

La visibilité sera encore considérablement réduite s'il y a derrière le pêcheur un obstacle sombre : haie, colline, talus. Il faut toujours, quand cela est possible, éviter d'avoir derrière soi un horizon découvert.

Voici quelles sont les lois essentielles de la vision dans l'eau. En les comprenant bien, vous en saurez suffisamment pour attaquer les truites sans commettre de grosses fautes. Et, surtout gardez-vous d'attacher la moindre importance aux ridicules histoires qui circulent sur l'œil de la truite : en particulier, sur celle très répandue, qui consiste à affirmer que cet œil grossit les objets et qu'ils lui paraissent quatre fois plus volumineux qu'à nous !

Ces affirmations sont de pure fantaisie et n'ont aucune base.

LES COULEURS

La truite perçoit-elle et distingue-t-elle les couleurs ?

Cette question a beaucoup agité le monde des pêcheurs.

Pourtant il n'y a aucun doute, elle perçoit les couleurs. Je ne prétends pas qu'elle distingue parfaitement les teintes et qu'elle y prête attention, cela pourrait paraître exagéré.

Mais la truite ne perçoit la couleur d'un objet que quand celui-ci est dans une position telle, qu'il émet des radiations colorées. Nous allons voir dans quelles conditions l'œil de la truite peut percevoir les couleurs.

Tout le monde sait que la lumière blanche reçue horizontalement sur un prisme en verre est décomposée en un certain nombre de radiations qui s'allongent verticalement, c'est-à-dire perpendiculairement à l'arête réfringente du prisme. Cette image, appelée spectre, présentent les couleurs rouge, orange, jaune, vert, bleu, indigo et violet qui se fondent insensiblement les unes dans les autres.

Ceci démontre que la lumière blanche est constituée par la réunion de toutes les couleurs qui peuvent être mises en évidence par sa décomposition par le prisme.

Un corps peut présenter une coloration de deux façons :

1° Par transparence, dans ce cas, sa couleur résulte de l'absorption qu'il exerce : par exemple, un verre rouge est un corps qui laisse passer les radiations rouges et arrête ou absorbe toutes les autres.

2° Par réflection, un corps est coloré bleu, par exemple, s'il absorbe toutes les couleurs du spectre, sauf le bleu qu'il réfléchit ou plus exactement diffuse.

Les truites pourront donc percevoir les couleurs dans ces deux cas : par transparence ou par réflection.

Les objets observés par les truites de la rivière peuvent être vus par le poisson, soit en dessous ou à côté de lui, soit au-dessus. Dans le premier cas, ils sont vus par réflection et leurs couleurs sont apparentes.

Dans le deuxième cas, ils sont vus en projection sur la clarté du ciel et leur couleur propre est très peu visible, celle-ci n'apparaît sensiblement que pour les corps transparents. C'est pourquoi je suis convaincu qu'en pêche à la mouche sèche, l'exactitude de la reproduction de la silhouette a plus d'importance que celle de la copie rigoureuse de la couleur. Car les mouches naturelles et artificielles flottant à la surface de l'eau sont visibles en noir ou au moins en teinte très foncée sur le ciel.

Les expériences bien connues de *Sir Herbert Maxwell* (1) qui prit des truites avec des mouches de mai rouges et bleues, mais de forme correcte, montrent bien

(1) *Salmon and Sea trout,* par Sir HERBERT MAXWELL, page 130. George Routledge and Sons Ltd, éditeurs à Londres.

que l'exactitude absolue dans la réalisation des teintes
des mouches flottantes n'est pas rigoureusement indispensable, bien qu'il soit logique de penser que cela ne
fait qu'ajouter à leurs chances de succès.

Au contraire, les mouches noyées apparaissent avec
leurs couleurs fatalement visibles par réflexion. Certaines couleurs parfois ont semblé d'ailleurs marquer une
attirance particulière sur la truite. La teinte orange
semble particulièrement appréciée du poisson.

L'ÉTIQUETTE DE LA PÊCHE A LA MOUCHE

Extrait de l'annuaire officiel 1913-1914
du Casting Club de France
sous la signature de M. Bouglé.

I

Donnez le bon exemple en observant les lois et arrêtés relatifs à la pêche. Si quelque infraction vient à être commise en votre présence, n'intervenez pas directement ; avisez plutôt les autorités compétentes et les Sociétés de pêche.

II

Ne commencez pas à pêcher à proximité d'un autre pêcheur ; prenez un intervalle d'au moins 200 mètres ; si la rivière est peu large, ne vous placez pas vis-à-vis d'un pêcheur occupant la rive opposée.

N'entrez dans l'eau qu'autant que vous ne risquez pas d'incommoder ceux qui pêchent de la rive.

III

Lorsque vous vous déplacez en suivant le bord de l'eau,

avancez avec précaution et à distance suffisante pour ne pas effaroucher le poisson.

IV

Décrochez d'une main légère tout poisson qui n'atteint pas le minimum de taille prescrit, et remettez-le à l'eau sans brutalité : traitez-le « comme si vous l'aimiez », ainsi que parle le bon Walton.

Certains pêcheurs conservent le premier poisson pris. si petit soit-il : « Cela porte chance », disent-ils ; d'autres s'excusent de rapporter quelques poissons de dimensions par trop réduites en alléguant que ceux-ci avaient été fortement endommagés par l'hameçon, qu'ils « avaient saigné, etc. » ; n'abusez pas de ces prétextes.

V

Recherchez la taille plutôt que le nombre des captures; surtout, n'allez pas confondre une partie de pêche avec un concours et vous piquer de rapporter plus de pièces que les autres n'en pourront montrer; toute compétition de ce genre est d'un goût détestable et indigne d'un véritable sportsman.

VI

Offrez au besoin le secours de votre épuisette ou de votre gaffe, mais faites grâce au pêcheur de tout conseil sur la manière d'y amener son poisson.

VII

Ne refusez pas de montrer la mouche que vous venez d'employer avec succès ; offrez-en même, au besoin, quelques exemplaires si vous en êtes passablement approvisionné.

VIII

Rétribuez convenablement les services des gardes, porte-épuisette, bateliers, etc., sans oublier pourtant que toute largesse excessive tendra à augmenter les exigences de ces professionnels aux dépens des amateurs qui sur-viendront après vous.

IX

Dans une pêche publique ayez des égards pour les autres pêcheurs : ce sont des confrères jouissant d'un droit égal au vôtre et capables, en mainte occasion, de vous fournir des renseignements utiles.

X

Dans une pêche privée, vous devrez, en outre des prescriptions légales, observer les règles et usages spé-ciaux établis par le propriétaire, locataire ou Club.

Informez-vous du nombre et de la taille des poissons que vous pourrez conserver ; ne dépassez pas les limites du cantonnement qui vous aura été assigné ou que vous aurez choisi. Peut-être sera-t-il interdit de pêcher à la descente, d'entrer dans l'eau, d'employer certains types de mouches artificielles ; soyez fixé sur ces divers points et comportez-vous en toute occasion avec la plus grande discrétion possible.

LA PROTECTION,
L'AMÉNAGEMENT
ET LE REPEUPLEMENT
DES RIVIÈRES A TRUITES

> *All the streams in the South are netted
> and occasionally dynamited* (1).

Cette phrase d'un manuel anglais qui juge sévèrement
l'indifférence des pouvoirs publics français en matière
de délits de pêche est incomplète : elle oublie la chaux
et le poison.

C'est un fait, nos rivières se dépeuplent de plus en
plus. La plupart des fonctionnaires locaux à qui incombe
la charge de ménager et de défendre nos richesses pis-
cicoles n'en ont cure et ceux qui font leur devoir sont
trop souvent découragés par les interventions de politiciens en faveur du braconnier-électeur.

Ceux que le sport de la pêche intéresse devront se
défendre eux-mêmes et assurer par leurs propres moyens
la garde de leurs cantonnements de pêche.

(1) Dans le Midi, toutes les rivières sont pêchées au filet et occa-
sionnellement dynamitées. (*Angler's Diarey*, édition 1910,
page 161.)

La pêche de la truite a quatre sortes d'ennemis : 1º les usiniers, qui empoisonnent les rivières ; 2º les braconniers et ceux qui les protègent contre les lois ; 3º les recéleurs de poisson braconné et les hôteliers, qui servent des truites en tout temps et s'approvisionnent aux braconniers ; 4º les animaux nuisibles aux poissons.

L'empoisonnement des rivières avait pris avant la guerre un caractère grave. Depuis, la politique de rapacité fiscale et de brimades administratives qui a été appliquée a malheureusement conduit notre industrie à une crise dont la concurrence étrangère, moins handicapée, ne lui permettra pas de se relever. La question de la pollution des eaux a, par suite perdue un peu de son acuité.

C'est surtout une défense locale que les pêcheurs ou leurs gardes particuliers auront à exercer. Défense contre les braconniers et les animaux nuisibles.

LES BRACONNIERS ET LES GARDES

Si la nécessité d'un garde paraît évidente, le choix de celui-ci est fort délicat car il sera difficile de trouver un homme qui ait l'expérience du métier et soit capable d'exécuter le travail d'hiver : prise de brochets, destruction des animaux nuisibles et pisciculture de repeuplement. On peut même dire qu'en France il n'y a aucune chance de trouver un professionnel entraîné à tous ces travaux.

Mieux vaudra choisir un homme honnête et sobre que vous-même formerez.

Votre premier soin sera de l'équiper convenablement : vêtements, armes, bottes imperméables. Vous y ajouterez une bonne jumelle à prismes, rien n'est aussi commode pour la surveillance à distance qui n'éveille pas l'attention et évite des marches inutiles. Une rivière à truites est plus facile à garder qu'une chasse, la zone à protéger est infiniment plus réduite.

Enfin, accessoire de la plus haute importance : un bon chien de défense, utile le jour et indispensable pour les tournées de nuit. Les braconniers en ont une sainte horreur, et croyez-moi, ses crocs seront plus efficaces pour défendre vos truites et vos saumons que tous les appels à la basoche.

Et puis, pensez que beaucoup de braconniers sont devenus criminels à l'occasion. En donnant à votre garde un bon chien vous assurerez sa sécurité, ce qui est le premier de vos devoirs envers lui.

Le travail des gardes sérieux sur une pêche de truites de quelque étendue est assez important :

Ils feront bien, d'abord, de placer des appareils de protection fixes ; par exemple sur les graviers de peu de profondeur, il est bon d'enfoncer solidement quelques pieux garnis de clous ou d'un ou deux mètres de ronces artificielles. Si par hasard un braconnier lance sur votre frayère un coup d'épervier, vous pouvez être assuré que les pieux l'y maintiendront solidement et que, s'il peut être retiré de là, ce sera fort mal en point. Il est bon de placer de ces pieux un peu partout dans le lit de la rivière. Dans les endroits plus profonds où la pose de ces piquets est difficile, il suffira de lancer quelque énorme pierre bien ficelée avec des ronces artificielles. Mais on peut faire mieux encore en y déposant, lesté d'un poids, un grappin de fer dont les branches auront préalablement été aiguisées en dents de scie. C'est un appareil qui ne ménagera guère les mailles d'un filet.

Il est beaucoup plus difficile de se défendre contre les lignes de fond très meurtrières surtout au début de la saison, en particulier celles qui ne sont pas fixées à la rive mais simplement à une pierre lancée au milieu de l'eau, et qui sont ensuite relevées avec un bâton muni d'un fil de fer recourbé. La recherche de ces engins est difficile. Une inspection de la rive le matin très tôt, surtout si la rosée est abondante, renseignera utilement sur le passage des braconniers, car l'herbe humide de rosée et fraîchement foulée garde quelque temps la trace des pas. Les débris que l'on rencontrera sur le bord de la rivière seront soigneusement enlevés : fragments de bois, pierres, et toutes marques pouvant servir de repère pour le relevage des lignes de fond. Les bâtons, les branches trouvés sur la rive seront éliminés.

La pêche aux explosifs porte parfois en elle-même sa punition et nombreux sont les braconniers que l'explosion prématurée d'une cartouche de chedditeou de dynamite-gomme a durement châtié.

La pêche à la chaux est également très courante dans les rivières des Alpes, des Pyrénées et de l'Auvergne. Ces rivières coulent sur un fond de rocher et on observe souvent au fond de l'eau de petits amas blanchâtres qui marquent l'endroit où a été vidé le sac dechaux et décèlent le passage des braconniers.

Il faut aussi se méfier du fameux « pêcheur du pays » qui « ne pêche qu'à la ligne » et rapporte toujours du poisson. Il y en a d'honnêtes, mais ils sont parfois braconniers et souvent recéleurs, profitant de leur réputation d'excellent pêcheur pour écouler le poisson pris par leurs associés : des braconniers authentiques, ceux-là.

J'en ai connu un qui vivait dans un petit village parcouru par une admirable rivière à truites. Il s'occupait uniquement de la pêche, qu'il pratiquait sur les prés communaux, très vastes, et aussi dans une propriété privée, où la permission de pêcher à la ligne lui avait été concédée moyennant un tribut de quelques truites. Il ne pratiquait que la pêche au bouchon : ver de terre ou asticot, et réussissait d'ailleurs parfaitement, car il

Lancer de la Mouche a saumon Overhand. — Position au Forward-Cast.

connaissait très bien la rivière. Mais il corsait la pêche au ver de quelques lignes de fond ; muni d'une forte canne en bambou noir, il remplaçait, une fois hors de vue, le bas de ligne en florence par une soie munie d'un petit grappin plombé qu'il promenait au fond de la rivière et relevait ainsi des lignes de fond placées à demeure. Cette disposition lui permettait de garder en tout temps ses apparences d'honnête pêcheur au bouchon. Le truc fut un jour éventé et le lendemain un procès-verbal en règle lui enleva sa réputation de fameux pêcheur à la ligne. On distingue, avec un peu d'habitude, la truite prise à la mouche de celle qui, prise à la ligne de fond, est souvent blessée profondément et meurt dans l'eau.

En automne, il est bon de donner quelques soins aux frayères ; elles seront faucardées sérieusement, puis, au moyen d'un rateau ordinaire, on enlèvera les racines, les herbes aquatiques et remuera le gravier assez profondément de façon à le nettoyer en enlevant la vase qui s'est déposée pendant l'année.

Au moyen de quelques mètres de ronces artificielles, on interdira l'accès des frayères aux animaux de la prairie. Enfin, pendant l'hiver, on les protégera tout spécialement contre les braconniers, les canards, les oiseaux destructeurs de poisson, hérons, etc.

Le locataire d'une rivière à truites doit aussi prévoir tous les mesquins ennuis auxquels il est exposé : tracasseries des indigènes, car il vient prendre « leur poisson » ; coups d'eau brusques intentionnellement lâchés par un voisin et qui rendent l'eau boueuse pour quelques heures ; paquets d'herbes religieusement retenus aux vannes du moulin, et que l'on enverra sur votre pêche au bon moment.

Pour arrêter les herbes provenant du faucardement en amont, on peut tendre en travers de la rivière une forte corde ou un fil de fer. Lorsque le poids des herbes accumulées menace de rompre le frêle barrage, on les laisse partir au courant et replace la corde. On peut ainsi s'assurer quelques heures de pêche possible.

LA POLLUTION DES EAUX

La question de la pollution des eaux est toujours à l'ordre du jour. Elle peut avoir deux causes essentielles :

1º Le déversement dans les rivières de résidus urbains.

2º Le déversement dans les rivières de résidus industriels.

Les pollutions d'origine industrielles peuvent elles-mêmes être divisées en deux classes :

Celles d'ordre mécanique, qui résultent de l'introduction dans l'eau de détritus de scieries, de tanneries, de filatures, des cendres de remorqueurs, etc., et les pollutions chimiques causées par des produits en dissolution dans l'eau. Cette dernière classe est la plus dangereuse.

Il faut tout d'abord poser en principe que les intérêts des pêcheurs, des riverains et de la population tout entière qui ont le droit d'exiger que de l'eau pure coule dans nos rivières et dans nos fleuves ne sont pas incompatibles avec les besoins de l'industrie. Il n'est point d'usine dont les eaux résiduaires ne puissent être corrigées ou neutralisées par une méthode appropriée.

Les erreurs économiques de l'après-guerre qui ont pour cause principale l'ignorance encyclopédique et l'incapacité de trop de politiciens ont porté un coup terrible à notre industrie et cela au moment des plus belles espérances. Nous le constatons, mais nous le déplorons aussi car une industrie puissante supporte plus allégrement les quelques frais que lui causerait la charge de rendre inoffensive à la rivière, l'eau qu'elle a utilisée.

Nous allons passer très rapidement en revue les principales fabrications auxquelles on a trop souvent à reprocher la pollution des eaux.

Les papeteries ont été très incriminées. Elles peuvent polluer les eaux par le déversement de résidus contenant de la pâte de papier en suspension. Cette pâte a une action mécanique sur les branchies du poisson qui meurt asphyxié. De plus, elle se dépose sur les herbes et le fond de la rivière où elle fermente, ces fermentations réductrices privent l'eau de son oxygène dissous et les poissons n'y peuvent vivre.

Les papeteries déversent également des eaux résiduaires contenant du bisulfite de calcium et surtout du chlore à l'état d'hypochlorite. Ces derniers corps sont excessivement toxiques : une truite placée dans une solution d'hypochlorite de sodium du commerce étendue de mille fois son volume d'eau, meurt en une demi-minute ; dans une solution étendue au cinquante millième, elle meurt au bout d'une heure.

La pollution des eaux par les papeteries est inadmissible. Elle peut-être évitée, 1º par l'emploi des appareils spéciaux dits ramasse-pâte et 2º en ce qui concerne le déversement de produits chimiques, par l'emploi de méthodes de correction faciles et en surveillant le déversement de façon à obtenir une dilution suffisante. L'empoisonnement des eaux par les papeteries a certainement atteint sa période maximum et l'importance de cette industrie qui ne se maintient en France qu'à la faveur d'une protection douanière exhorbitante ne peut qu'aller en diminuant.

Les distilleries et les sucreries déversent dans les rivières des eaux contenant des corps organiques en dissolution ou en suspension et qui entrent ensuite en fermentation. Ces fermentations, d'une part, suppriment l'oxygène dissous qui est indispensable à la respiration du poisson et d'autre part donnent naissance à des produits toxiques, notamment de l'hydrogène sulfuré, et de l'ammoniaque. Ce dernier corps est toxique pour les truites à la dose de 1/5oo.ooo^e.

Aucun animal aquatique ne peut vivre dans des eaux ainsi polluées. Les rivières du Nord, de l'Aisne, de la Somme ont durement souffert de la négligence des industriels. Il est facile de remédier à ces déversements toxiques par l'emploi de bassins de décantation d'une capacité suffisante ou mieux et plus simplement encore, par l'épandage.

Les eaux usées des tanneries agissent de la même façon.

Le rouissage empoisonne chaque année des rivières et des villes entières comme Le Mans. L'action toxique des eaux de rouissage est la même que celle des eaux de distilleries et sucreries. Heureusement ce procédé barbare est en voie de disparition et sera progressivement remplacé par des méthodes plus modernes.

L'industrie de la laine a aussi causé autrefois des empoisonnements de rivières. Maintenant la plupart des usines importantes sont munies d'appareils de récupération des graisses (lanoline) et les eaux résiduaires sont presque inoffensives.

Les eaux acides de décapage des métaux ont également détruit la faune de beaucoup trop de rivières. Pourtant il n'est aucune industrie dont les eaux résiduaires soient plus faciles à corriger.

Les poudreries, les fabriques de dynamite, de celluloïd ont des résidus de même nature.

Enfin le déversement des eaux d'égout donne lieu à des fermentations toxiques pour la faune de nos rivières. On peut les rendre inoffensives par divers procédés : épuration chimique, épuration biologique et épandage.

Il est bien évident que toutes les eaux polluées dans lesquelles les poissons ne peuvent vivre sont rigoureusement impropres à la consommation. Cela aussi juge sévèrement la négligence de nos pouvoirs publics. D'autre part, il est bien certain que la législation concernant le déversement des résidus industriels est mal faite et inapplicable. Alors pourquoi ne pas simplement copier la législation de tel pays proche de nous et qui est bien faite.

L'étude des déversements industriels toxiques pour les poissons a été faite pour beaucoup de produits par M. le professeur Léger de l'Université de Grenoble. Je ne saurais trop conseiller à ceux que cette question intéresse la lecture de ses travaux d'une remarquable précision.

LES ANIMAUX ENNEMIS DES SALMONIDES

Ils sont très nombreux et nous ne pouvons ici que les passer très rapidement en revue.

Beaucoup d'oiseaux s'attaquent au poisson : les principaux sont le héron, le balbuzard, la bergeronnette et surtout le martin-pêcheur. Ce dernier est particulièrement nuisible. On le capture au piège ou avec des filets très fins.

Les palmipèdes sont de grands destructeurs de frai et d'alevins. Les canards surtout doivent être maintenus éloignés des frayères.

Parmi les mammifères, il faut citer au premier rang la loutre excessivement difficile à tuer au fusil. Mieux vaut pour la détruire recourir au piège. Des livres entiers ont été écrits sur la chasse et le piégeage de la loutre.

Le putois, le blaireau, le chat sont aussi des ennemis des truites, mais à un bien moindre degré. De même le surmulot, la musaraigne d'eau et le rat d'eau.

Presque tous les insectes d'eau s'attaquent aux œufs

de salmonides. Au premier rang viennent les gros dytiques qui détruisent même les alevins. Même remarque pour les hydrophiles et les larves de libellules.

Beaucoup d'autres espèces d'insectes sont très dangereuses pour les frayères dont les œufs sont mis au pillage, ce sont surtout les Nèpes et les Notonectes.

Les larves de Phryganes et d'Éphémères ne sont pas inoffensives et elles détruisent aussi beaucoup d'œufs.

LE REPEUPLEMENT DES RIVIÈRES A TRUITES

Le repeuplement des rivières à truites peut se faire de diverses façons :

1° Par le déversement dans la rivière de petites truites âgées d'un an environ et provenant d'un établissement de pisciculture.

2° Par le déversement d'alevins, c'est-à-dire de jeunes poissons, qui viennent de résorber leur vésicule vitelline et qui commencent à pouvoir s'alimenter en rivière.

3° Par l'incubation dans la rivière même, d'œufs de truite embryonnés que l'on garde captifs au moins jusqu'à résorption de la vésicule ombilicale.

La première méthode est chère, car pour un prix élevé elle ne fournit qu'un nombre très limité de poissons. De plus, ceux-ci qui viennent d'un établissement de pisciculture où la nourriture leur est régulièrement distribuée chaque jour, ne sont pas armés pour la vie en rivière et beaucoup périssent.

La deuxième méthode est la plus employée. C'est celle qui a été choisie par l'Administration des eaux et forêts et il faut reconnaître qu'elle a fait les plus grands efforts pour la généraliser. Nombreuses sont les rivières françaises qui sont dotées chaque année d'un nombre d'alevins important.

Ces alevins proviennent d'établissements de pisciculture où ils sont obtenus par les méthodes classiques de la fécondation et de l'incubation artificielle. Ce sont généralement des truites communes ou des truites arc-enciel. Quelquefois, mais plus rarement, des saumons de fontaine.

M. le professeur Léger, directeur du Laboratoire de pisciculture de l'Université de Grenoble, a publié une petite brochure fort complète et très détaillée sur le déversement d'alevins, dans les cours d'eau (1).

Voici, très résumées, ses recommandations essentielles :

Le transport des alevins doit se faire en évitant autant que possible l'échauffement de l'eau du récipient qui les contient. Au besoin, il est bon de se munir d'un peu de glace. Si l'on a à renouveler l'eau, ne le faire qu'avec des eaux de source. Jamais avec des eaux de citerne ou de réservoir. Il est bon d'aérer l'eau en y insufflant de l'air de temps en temps, au moyen d'une poire en caoutchouc ou d'une pompe à bicyclette.

Une fois arrivé sur les bords du cours d'eau où doit se faire le déversement, il faut choisir les emplacements favorables à cette opération.

Ce sont :

1° Ceux où ils auront le moins de chance d'être dévorés par les gros poissons.

2° Ceux où le courant n'est pas trop violent pour risquer de les entraîner brusquement.

3° Ceux où les alevins auront le plus de chance de trouver au plus vite des abris naturels et de la nourriture.

« Les meilleurs endroits sont ceux où l'eau peu pro-
« fonde (20 à 30 centimètres en moyenne) coule douce-
« ment sur un lit de sable ou de cailloux, offrant de

(1) *Manuel pratique 'du déversement d'alevins dans les cours d'eau.* Allier Frères, Imprimeurs à Grenoble.

« nombreuses petites cachettes naturelles dans l'herbe
« ou sous les pierres, et, si c'est possible, les légers
« remous où croît de la végétation aquatique, à cause
« de la nourriture qu'elle abrite. »

Le lieu du déversement choisi, on commence par
habituer les alevins à la nouvelle eau dans laquelle ils
vont vivre. Voici comment on pourra procéder :

« On videra d'abord le quart de l'eau du récipient
« que l'on remplacera par une égale quantité d'eau du
« ruisseau, afin de donner de suite un peu plus de
« vigueur aux alevins. On placera ensuite l'appareil
« dans le cours d'eau de façon à ce qu'il y baigne jus-
« qu'aux trois quarts de sa hauteur environ. Au bout
« d'un quart d'heure on répétera la même opération,
« mais en vidant cette fois à peu près la moitié de l'eau
« du bidon que l'on remplacera par une égale quantité
« prise dans le cours d'eau. La température du récipient
« est alors assez voisine de celle du cours d'eau pour
« que l'alevin n'ait absolument rien à craindre à ce
« point de vue. On attendra toutefois encore cinq à dix
« minutes pour qu'il soit parfaitement habitué à sa
« nouvelle eau et on pourra alors, en toute sécurité, pro-
« céder à sa mise en liberté. »

Cela sera fait en déposant les alevins par petites
quantités dans les endroits choisis à cet effet. Il y a
intérêt à les répartir sur le plus grand espace possible,
afin qu'ils aient moins de chance d'être dévorés en
masse.

Le déversement est fait au moyen d'un appareil spécial, dit seau à lancement. Si l'on n'en possède point,
une casserole ordinaire peut rendre le même service,
mais avec moins de commodité bien entendu.

La troisième méthode indiquée plus haut, est celle
que je préfère personnellement, et qui donne les meilleurs résultats.

Il est bien évident que les truites nées et élevées dans la rivière s'y développent et s'y défendront mieux, que les alevins élevés dans un établissement de pisciculture quelconque, dans une eau et des conditions très différentes.

La difficuté de cette troisième méthode est l'incubation. La plupart des pêcheurs de truites qui ont une partie de rivière à entretenir ou repeupler, se soucient bien peu en général de créer et monter dans ce but une installation complète, avec bacs d'incubation, etc... Il n'en ont généralement, ni le goût, ni le loisir.

Cette difficulté a été résolue d'une manière fort élégante par M. Carajat, de Valence, qui a imaginé un appareil d'incubation automatique des œufs de salmonides en pleine eau.

Cet appareil, dit « appareil cellulaire », est excessivement simple, il se compose d'une série de cellules placées les unes à côté des autres et dont l'ensemble rappelle un cadre de ruche garni de sa cire. Chacune des faces du parallélipipède ainsi formé est obturée par un grillage métallique.

Chaque cellule ne reçoit qu'un seul œuf et le chargement de l'ensemble de cette brique cellulaire se fait d'une façon très commode au moyen d'un chargeur très simple imaginé par M. Carajat.

Chaque œuf est ainsi séparé de son voisin, ce qui écarte tout danger de contamination et supprime le travail de l'enlèvement des œufs morts ou malades.

Les œufs de truite embryonnés peuvent être achetés chez tous les pisciculteurs.

Après divers essais, M. Carajat s'est arrêté à un seul système d' « Appareil cellulaire ». Il est établi en feuilles de carton imperméabilisé, ce qui lui assure une longue résistance à l'eau.

Les feuilles sont découpées en bandes de 3 centimètres

de largeur et assemblées les unes horizontalement, les autres verticalement, de manière à former entre elles une cellule carrée ayant 8 millimètres de côté. Ce cadre cellulaire, fait pour contenir 5oo œufs, est disposé dans une cage métallique comportant deux couvercles de grillage à mailles très fines, dont le but est simplement d'empêcher les œufs et alevins de s'échapper, et d'interdire l'accès des cadres aux larves nuisibles.

L'appareil garni de ses œufs est plongé dans l'eau, debout, perpendiculairement au courant, de telle façon qu'il soit baigné par de l'eau qui se renouvelle constamment.

Il est bon d'installer en amont de l'appareil un clayonnage ou grillage propre à réduire la force du courant et à arrêter les matières en suspension, qui seraient susceptibles de venir se déposer sur les mailles des toiles métalliques des appareils, réduisant ainsi la circulation de l'eau à l'intérieur.

L'idéal est de pouvoir placer ses appareils dans un petit canal de dérivation à faible courant.

Lorsque les œufs sont éclos, c'est-à-dire deux mois en moyenne après leur fécondation, on laisse les alevins dans l'appareil cellulaire jusqu'à ce qu'ils aient résorbé leur vésicule vitelline, c'est-à-dire encore une quarantaine de jours environ. Il n'y a pas grand inconvénient à les laisser un peu plus longtemps, car ils trouvent dans leur prison un aliment suffisant dans le plancton de l'eau qui les baigne.

On peut alors les lâcher dans la rivière.

Les résultats obtenus avec la méthode de M. Carajat sont excellents, les rendements sont très élevés. Avant la guerre, au premier essai que j'ai fait de cette méthode avec quelques amis, sur la Bresle, le déchet n'atteignait pas 10 p. 100. Ceci avec une surveillance nulle.

On peut améliorer cette méthode de repeuplement en

gardant encore quelque temps *en captivité* les alevins, ainsi produits, et en leur fournissant leur nourriture jusqu'à ce qu'ils aient un peu plus de vigueur. Il ne faut pas pour cela une installation compliquée, nul besoin même de bassins spéciaux. On peut se contenter de bacs d'élevage flottants sur la rivière.

Ces bacs sont des caisses solides, en bois épais, dont le fond est garni de toile métallique ou mieux encore' d'une feuille de zinc perforé. Les deux côtés sont également garnis de la même manière. Le bois est peint au goudron, pour assurer sa conversation. Le couvercle, mobile, est garni d'une toile métallique.

Ces bacs sont placés dans de petits ruisseaux ou dans la rivière aux endroits de peu de profondeur, ils sont attachés à un piquet et supportés par quatre briques afin que le fond ne repose pas sur le lit de la rivière.

Si l'eau est plus profonde, on les laisse flotter en les garnissant sur les côtés de deux morceaux de liège, si cela est nécessaire.

Les alevins placés dans ces caisses sont complètement protégés contre leurs ennemis. Ils trouvent dans l'eau un peu de plancton qui les habitue à se nourrir eux-mêmes. On leur fournit, d'autre part, leur nourriture journalière. Celle-ci se compose pour débuter de foie de porc râpé, d'un peu de fromage blanc et d'œufs broyés, puis du foie ou de la rate de veau et de bœuf ou de cheval (1).

Il n'est pas utile de garder les alevins dans ces bacs, au delà du mois de juin. On peut alors les lâcher dans la rivière. Ils y trouveront à cette époque une nourriture facile et abondante, en même temps qu'ils seront de taille à se défendre contre leurs ennemis.

(1) Voir pour la préparation des aliments des alevins les ouvrages spéciaux. Notamment *la Pisciculture*, par C. RAVERET WATTEL.

LE SAUMON

LE SAUMON

Aucune nation n'approche de la France en ce qui concerne le degré de perfection auquel en est arrivée la destruction du saumon.

Ce poisson autrefois excessivement abondant dans la plupart des cours d'eau qui se jettent dans la Manche, la mer du Nord et l'Océan Atlantique a disparu à peu près complètement de la majorité de ces rivières.

Il peut donc paraître étrange que je donne à la pêche du saumon, dans la deuxième édition de ce livre, une beaucoup plus grande importance que dans la première. Les raisons en sont cependant fort simples : d'abord, la pêche du saumon à la ligne a pris en France un très grand développement depuis 10 ans. Ce sport a fait beaucoup de nouveaux adeptes. Ensuite, la Direction générale des Eaux et Forêts au Ministère de l'Agriculture semble avoir pris un grand intérêt à la question de la reconstitution d'une partie de nos richesses en saumons. Elle vient de faire imprimer en 1920 un travail magistral du professeur Roule : *Étude sur le saumon des eaux douces de la France*. Malheureusement ce livre remarquable, qui met au point d'une façon définitive la question du saumon, n'est pas en librairie et n'est pas accessible au public.

La reconstitution des rivières à saumon, si l'on veut s'en donner la peine peut être très rapide et incomparablement plus facile que le repeuplement des rivières à truites. L'expérience de certaines rivières anglaises le prouve : Il y a une quinzaine d'années on ne prenait plus de saumons à la ligne dans la Wye (1) et la pêche au filet couvrait difficilement les dépenses. Grâce à l'union des propriétaires riverains, la Wye est redevenue une très bonne rivière. Elle fournit, tant en poissons pris à la ligne, qu'au filet, près de 25.000 saumons chaque année.

D'autres rivières de Grande-Bretagne ont également été très améliorées, la Tweed et la Dee notamment.

Aucun poisson n'a donné lieu à autant de travaux d'observations et d'investigations que le saumon. Ce n'est pourtant que depuis peu de temps que l'on est renseigné d'une façon à peu près exacte sur sa vie en eau douce. En mer son existence reste mystérieuse.

Le saumon (*Salmo salar*) est le plus grand des salmonidés qui fréquentent nos fleuves. Il est assez connu pour qu'il soit inutile de le décrire longuement.

Le corps est allongé, les écailles petites, le dos gris bleu, se dégrade sur les flancs parsemés de taches noires, le ventre est argenté ; à l'époque du frai, la robe se nuance de teintes plus vives.

Le saumon est un poisson spécial aux fleuves et rivières qui se jettent dans l'Océan Atlantique et dans la mer du Nord. Nos rivières du bassin de la Méditerranée n'en contiennent pas. Ce poisson ne peut vivre que dans une eau très pure, riche en oxygène dissous et dont la température maxima n'est pas trop élevée. En principe, il disparaît au-dessous du 40° degré de latitude Nord.

(1) La Wye est une rivière importante du pays de Galles (Angleterre).

Lancer de la Mouche a salmon « Loop Cast ». — Position de la canne en arrière au cours du lancer.

Le saumon est un poisson anadrome. Il passe en mer une partie de sa vie, puis remonte en rivière pour y frayer. Pendant ce voyage, il franchit les courants les plus rapides, les barrages de plusieurs mètres de haut. On cite plusieurs chutes dont la visite est curieuse à l'époque de la remonte ; ce sont : « Le saut du saumon » de la rivière Zing, connu de tous les touristes dans le Comté de Pembroke, en Angleterre. Deux autres sauts également très renommés en Irlande : à Leixlif et Bally-Shannon, de près de 5 mètres de haut.

Cette remonte du poisson est un véritable voyage qui dure parfois plusieurs mois si la route est longue et les obstacles nombreux. Les saumons remontent parfois plus d'un millier de kilomètres dans les fleuves pour y frayer, en particulier dans les grands fleuves canadiens (1).

On a pu croire que le saumon revenait chaque année en rivière pour y frayer. Cette opinion a été reconnue inexacte, depuis que des observations méthodiques ont été faites et surtout depuis que les naturalistes se sont attachés à l'étude des écailles.

La vie du saumon est inscrite sur ses écailles. Par leur examen microscopique on peut déterminer l'époque de la naissance, le nombre d'années passées en mer, le nombre de voyages aux frayères.

C'est Johnston qui, en 1904, fit paraître, le 29 octobre dans *The Field*, la première note sur ce fait que l'histoire du saumon s'inscrivait automatiquement sur ses écailles. Depuis, des études très complètes ont été publiées sur la question.

Les écailles apparaissent sur les petits saumons dès

______

(1) En France même, les saumons qui viennent frayer dans le cours supérieur de l'Allier et de la Loire ont effectué un parcours de 800 à 900 kilomètres.

le moment où ils ont résorbé leur vésicule vitelline. Ces
écailles grandissent ensuite en même temps que l'animal. Ce développement se fait par l'addition d'anneaux
autour de la circonférence de chaque écaille. Ces anneaux successifs forment à la surface de l'écaille des
lignes parfaitement visibles.

En été, quand la nourriture est abondante, les lignes
sont bien marquées et assez éloignées les unes des
autres, car la croissance du poisson est assez rapide. Au
contraire, en hiver, l'importance de l'alimentation diminue et les lignes se présentent en zones plus étroites
et plus serrées.

En comptant le nombre de zones d'hiver et d'été, on
peut déterminer facilement l'âge du poisson considéré.
Nous verrons plus loin de quelle façon les marques de
de frai s'inscrivent sur les écailles.

L'époque du frai est assez variable, elle s'étend d'octobre à janvier. Il semble que dans nos rivières, le mois
de décembre soit le plus important.

Lorsque des saumons adultes ont choisi une frayère,
sous la protection du mâle qui écarte ses rivaux, la
femelle creuse dans les pierres une rigole de un à deux
mètres de long. Elle y pond ses œufs, que le mâle
féconde, puis elle les recouvre de pierres qui vont de la
grosseur d'une noix à celle du poing, ceci afin que l'eau
baigne constamment les œufs et afin que les jeunes alevins puissent s'échapper entre les interstices des pierres,
après leur éclosion.

Les rivières dont le fond est sablonneux ou de très
fin gravier et celles qui coulent sur le rocher, ne fournissent pas de bonnes frayères.

L'incubation varie de 90 à 100 jours suivant la température de l'eau.

Après l'éclosion, les alevins gardent encore un mois
la vésicule ombilicale. Quand celle-ci est entièrement

résorbée, le jeune poisson s'alimente directement et devient le *Parr* des Anglais. Il grandit lentement et reste habituellement deux ans en rivière avant d'effectuer son premier voyage à la mer. Il atteint alors au maximum 20 centimètres de longueur. C'est le *Smolt* en Angleterre ; ici le *Tocan* (Dordogne), le *Tacon* ou *Taconnet* (Allier), le *Saumonet* ou Gleizitg (Bretagne).

C'est en avril-mai, c'est-à-dire 25 à 26 mois après leur naissance, que la plupart des jeunes saumons descendent par bandes vers la mer (1). Ils restent quelques jours dans l'estuaire comme pour s'habituer à l'eau salée, puis ils disparaissent.

La vie en mer du saumon est caractérisée par une croissance excessivement rapide. En deux années en rivière, il atteint péniblement le poids de 50 grammes. En mer, son poids augmentera de 3 à 4 kilogrammes chaque année.

Nous ne savons rien d'absolu sur la vie du saumon en mer. Il n'en a jamais été capturé, sauf, paraît-il, sous la banquise dans les mers polaires. Le professeur Roule, dans son étude sur le saumon, suppose que ces poissons, « en mer, sont des bathypélagiques de pro-« fondeurs moyennes, menant dans leur milieu une « existence comparable à celle des truites des lacs dans « leur habitat. Ils se tiendraient loin au large, et en « pleine eau, non pas au voisinage des côtes, ni auprès « du fond, et ne fréquenteraient nos eaux littorales que « pour les traverser dans leurs migrations. Leur vie de « croissance thalassique se passerait en haute mer. »

Les poissons qui reviennent en rivière pour frayer après seulement une année de séjour en mer, pèsent de 2 à 4 kilogrammes. On les appelle *castillons* en Bre-

(1) Quelques rares spécimens descendent à la mer après seulement 14 mois en rivière. Par contre, quelques retardataires séjournent parfois trois ans en eau douce.

tagne, *madelaineaux* ou *surmulards* dans le Centre, des *grilses* en Angleterre.

La plupart des saumons observés dans les rivières françaises ne reviennent frayer qu'après deux années consécutives de séjour en mer et pèsent 7 à 12 kilos.

Un fait caractéristique de notre pays est l'interruption de l'entrée des saumons en eau douce pendant la saison d'été.

C'est généralement en juillet que cessent de paraître les derniers saumons entrés en rivière et qui sont généralement des madelaineaux. La montée ne reprendra qu'aux premières crues d'automne.

Les poissons entrés en rivière y séjournent de 4 à 16 mois avant de frayer, suivant l'époque de leur montée. Pendant cette période où se développent les organes de reproduction, le saumon utilise surtout ses matériaux de réserve, son alimentation en rivière est très réduite.

Après le frai, les reproducteurs épuisés redescendent la rivière emportés par le courant. La plupart périssent, les mâles surtout, soit pendant le trajet, soit à leur arrivée en mer. Ces saumons sont connus sous la dénomination de *charognards*. Ce sont les *kelts* des Anglais.

Pendant cette période de vie en rivière, qui correspond à la cessation presque complète de son alimentation, le saumon a cessé de se développer, ses écailles ont aussi cessé de grandir. Puis, quand sont survenues les fatigues du frai et l'état d'affaiblissement du poisson qui y correspond, les écailles se sont éraillées sur les bords qui ont perdu leur courbure régulière.

Si le poisson a pu rejoindre la mer et y vivre, une nouvelle période de croissance s'ouvre pour lui, sur ses écailles de nouvelles bandes se multiplient au delà des bords éraillés et ceux-ci, restés sur l'écaille et à leur place, constitueront une marque de ponte (*spawning mark*), parfaitement visible, qui caractérisera ce fait que ce saumon a déjà fait un voyage en eau douce pour y frayer.

L'examen des saumons capturés dans nos rivières françaises montre que la très grande majorité de ces poissons ont passé deux années en rivière, puis deux ou trois années en mer et qu'ils sont vierges, c'est-à-dire qu'ils ne viennent en rivière, frayer, que pour la première fois.

La proportion de saumons venant frayer en rivière, après seulemènt une année de séjour en mer (*madelaineaux*) est très restreinte. Celle des poissons revenant frayer une deuxième ou une troisième fois est excessivement faible.

Même dans les rivières dans lesquelles la pêche n'est pas trop intensive, on observe ce fait, que le saumon ne monte généralement qu'une fois dans sa vie aux frayères. Le nombre de ceux qui effectuent plusieurs voyages n'atteint certainement pas 10 p. 100.

En ce qui concerne la vie en rivière pendant la première jeunesse, il a été observé que plus on monte vers le Nord et plus cette période est longue. En Norvège, la moyenne est de 3 à 4 années et on a rencontré fréquemment des saumons ayant même passé 5 années en rivière, avant leur première descente à la mer.

En France, dans les rivières de Bretagne et du bassin de la Loire, la grande généralité est de 2 années. Dans les gaves pyrénéens, le nombre de smolts descendant à l'Océan à l'âge d'un an est beaucoup plus grand et dans la rivière Eo, en Espagne, c'est la règle générale.

Voici quelles sont les principales rivières de France dans lesquelles on trouve encore parfois quelques saumons :

L'Adour, l'Allier, l'Aulne, l'Authie, l'Aven, la Bidassoa, la Canche, le Couesnon, la Dordogne, l'Ellé, l'Elorn, la Garonne, la Gartempé, le Gave d'Oloron, le

Gave de Pau, la Loire, la Meuse, la Nivelle, la Nive, la Sienne, la Sée, la Sélune, le Thorion, la Vienne.

L'attention a été attirée depuis longtemps sur ce fait, que certaines rivières sont fréquentées par des saumons, de préférence à d'autres qui ne le sont point, bien que ces rivières appartiennent au même bassin hydrographique ou soit même deux affluents différents d'un même fleuve et paraissant fort semblables.

C'est ainsi que la Vilaine est une rivière complètement dépourvue de saumons, alors qu'elle se trouve encadrée de cours d'eau qui, comme l'Ellé, en contiennent normalement. De même, les poissons qui remontent la Loire s'engagent régulièrement dans les affluents de gauche du fleuve et dédaignent complètement ceux de la rive droite.

Il résulte des travaux du professeur Roule publiés en 1913 et 1914, que c'est l'importance de la quantité d'oxygène dissous dans l'eau, qui détermine le choix des saumons, ceux-ci préférant toujours les rivières dont les eaux sont plus oxygénées. Les autres caractéristiques de ces eaux, température, vitesse du courant, pureté, etc..., n'influant qu'en seconde importance.

Il est évident que les affluents de la rive gauche de la Loire, qui descendent du Plateau Central par des vallées tourmentées, sont plus riches en oxygène dissous que les cours d'eau lents et calmes qui aboutissent au fleuve sur sa rive droite.

Une respiration active est une nécessité absolue pour ces poissons, et il n'est pas étonnant que la qualité de l'eau, au point de vue de son aération, ait une influence déterminante dans leur montée vers les frayères.

Autrefois, les saumons remontaient dans la Seine, très peu s'engageaient dans l'Oise ou la Marne. A Montereau tous abandonnaient la Seine pour l'Yonne, puis le plus grand nombre remontait la Cure qui, descendue du Morvan, leur offrait les meilleures frayères du bassin de la Seine.

Maintenant, les frayères sont désertes : Paris déverse dans le fleuve les déchets journaliers de 4.000.000 d'habitants, la fermentation des matières organiques ainsi introduites dans la Seine détruit la plus grande partie de son oxygène dissous. Il se crée ainsi une zone d'interdiction absolue, car, sur plus de 100 kilomètres, l'eau du fleuve est trop peu aérée pour convenir au saumon et celui-ci a disparu irrémédiablement.

Mais, si ce poisson a disparu du bassin de la Seine, devant des nécessités inévitables, on ne peut en dire autant de la plupart des autres cours d'eau qu'il fréquentait. Là, c'est aux déprédations de l'homme et à la tolérance coupable des pouvoirs publics, qu'est dû le désastre.

La législation sur les dates d'ouverture et de fermeture de la pêche du saumon est insuffisante. En Angleterre les périodes d'interdiction de la pêche varient suivant les rivières. De plus, la pêche du saumon est interdite plusieurs mois avant et plusieurs après les dates d'ouverture et les dates de fermeture de la pêche à la ligne, afin d'éviter les énormes destructions de poisson que font les filets, à la remonte et à la descente des salmonidés. En France, c'est beaucoup plus simple, dans bien des départements on fixe les périodes d'interdiction d'une façon quelconque. De plus, un mode de destruction intense est légal : c'est la pêche au filet dans les estuaires. Cette tolérance accordée aux inscrits maritimes est fantastique, car, barrant la rivière, ils détruisent systématiquement tout le poisson qui remonte ou descend, et il n'y a guère que par les années de grandes crues qu'il en peut passer un nombre suffisant pour assurer la reproduction de l'espèce. Cette tolérance est injuste, car elle permet aux dits inscrits maritimes de subtiliser à leur profit une richesse qui appartient logiquement et légalement aux riverains d'amont.

Cette tourbe d'inscrits maritimes des estuaires, qui fait d'ailleurs le plus grand tort aux vrais marins, à ceux qui vont en mer, oblige la France à acheter à l'étranger pour plus de 5.000.000 de francs de salmonidés chaque année (1), alors qu'avec une protection un peu intelligente et effective, la France devrait expédier à l'extérieur.

Les rares survivants qui ont échappé aux inscrits maritimes vont se trouver, dans leur montée vers les frayères, en butte à de nouveaux dangers. Ils trouveront en travers de leur route les filets fixes ou tournants des pêcheurs professionnels. Au pied des barrages, les braconniers les capturent à la foëne, leur déchirent les flancs avec leurs hameçons plombés, leurs « tirettes ».

Si le barrage est trop élevé, les saumons s'épuisent en efforts superflus ou parfois se tuent sur les échelles mal conçues.

Enfin, ceux qui parviennent aux frayères y sont assommés par les braconniers à l'époque de la reproduction.

Je n'ai pas vu un seul saumon dans le bassin de l'Allier qui ne porte, soit la marque de filets, soit des blessures de « tirettes ».

Le trajet des smolts à la descente n'est pas moins périlleux : d'énormes quantités sont capturées à l'épervier et à la ligne, surtout à la mouche artificielle. Dans une petite ville bien connue des bords de l'Allier, les pê-

---

(1) Au cours d'avant-guerre, voici des chiffres d'importation de salmonidés en France, chiffres fournis par les « documents statistiques réunis par l'Administration des douanes sur le commerce de la France » :

En 1908, 1.628.200 kilos d'une valeur de 4.567.000 francs,
En 1909, 1.662.300 kilos d'une valeur de 4.663.000 francs ;
En 1910, 1.853.400 kilos d'une valeur de 5.200.000 francs ;

cheurs professionnels en offrent ouvertement. On en sert dans les hôtels. Même observation dans certaines régions de la Bretagne et dans les Basses-Pyrénées, le long des Gaves d'Oloron et de Pau.

Il y a aussi les turbines qui, lorsqu'elles ne sont pas protégées par des grilles suffisamment serrées deviennent de véritables moulins à Tacons ; ils en sortent broyés.

Or, il est très important de protéger les tacons, car il est évident que le nombre des saumons qui remontent, deux ans plus tard, la même rivière, est fonction du nombre des tacons qui auront pu atteindre la mer. Leur défense est infiniment plus importante que celle des saumons qui redescendent des frayères : les « charognards », les « kelts » auxquels la législation anglaise accorde une protection peut-être un peu exagérée.

Pour terminer, voici le résumé des mesures proposées par M. le Professeur Roule dans la conclusion de son *Étude sur le Saumon*, pour arriver à un repeuplement certain et rapide de nos rivières. Toutes sont réalisables. L'avenir nous dira si l'Administration est capable d'un effort pour protéger une richesse qui ne coûte rien :

« A. — *Circulation et pêche du saumon*
dans les estuaires.

« 1° Interdire, dans le domaine maritime, la pêche
« du saumon dans les régions étroites des estuaires ;

« 2° Interdire, dans le domaine maritime, la pêche
« du saumon au voisinage des ouvrages ;

« 3° Interdire les pêches à la serpillière, surtout
« d'avril à juin, pour éviter la capture des tacons mé-
« langés à d'autres alevins de poissons ;

« 4° Entente entre administrations pour avoir les

« mêmes dates d'ouverture et de fermeture de la pêche
« dans le domaine maritime et dans le domaine fluvial,
« et pour obéir à une même réglementation.

« B. — *Circulation et pêche du saumon dans les rivières.*

« 5° Supprimer et interdire les ouvrages complémen-
« taires ajoutés sans autorisation aux barrages ;

« 6° Modifier, le cas échéant, les crêtes des déversoirs
« pour localiser la lame d'eau recouvrante en augmen-
« tant son épaisseur, et pour permettre ainsi le passage
« du poisson ;

« 7° Limiter à la période d'arrosage l'établissement et
« le maintien des barrages temporaires d'irrigation ;

« 8° Prendre toutes dispositions convenables pour
« empêcher en tout temps, au voisinage des barrages,
« la pénétration des saumons dans les canaux de ser-
« vice des usines, et pour observer le niveau légal de
« retenue ;

« 9° Observation rigoureuse de toute réglementation
« concernant la pollution des eaux ;

« 10° Remettre, toutes les fois que la chose sera pos-
« sible, le cours de la rivière en son état naturel ;

« 11° Lever en permanence à toute hauteur, ou dé-
« monter et enlever les vannes des barrages qui ont
« cessé d'être utilisées ;

« 12° Prendre toutes dispositions convenables pour
« régler à 1 centimètre l'écartement des verges dans les
« grilles annexées aux chambres des turbines, afin
« d'éviter la perte des tacons à leur descente ;

« 13° Entente des départements d'un même bassin
« hydrographique, ou d'une même province naturelle,
« pour établir une réglementation identique ;

« 14° Surveillance de la pêche et répression du bra-

« connage poursuivies avec continuité, et méthode dans
« un but majeur d'intérêt public. »

Au point de vue de l'amélioration de nos rivières à
saumons, une question présente un intérêt tout particulier ; celle des échelles qui doivent être adjointes aux
barrages pour permettre aux poissons de les franchir.
Malheureusement la plupart des échelles actuellement
existantes sont inefficaces parce que mal conçues. Le
plus souvent elles jouent le rôle de figurant : elles donnent une satisfaction apparente à une exigence de l'Administration des Eaux et Forêts. Celles qui sont constituées par de petits bassins en gradins sont parmi les
moins efficaces. Les saumons n'y montent jamais.

Les meilleures échelles sont celles à passage direct :
c'est-à-dire celles qui comportent une veine liquide, qui
va du haut du barrage au bief inférieur.

Pour éviter à ces appareils une consommation d'eau
trop grande et pour ralentir la vitesse du courant qui y
passe, ce qui facilitera la montée des poissons, elles
comportent des dispositifs divers, soit injections d'eau
à contre-courant, soit amortisseurs de courant.

Les principaux types qui donnent vraiment satisfaction sont les échelles de Mac Donald, de Caméré, et de
Denil.

TECHNIQUE DE L'EXAMEN DES ÉCAILLES
DE SAUMON

Les écailles sont prélevées de préférence au voisinage
du dos du poisson, au-dessous de la ligne latérale passant le long de la première dorsale. Il est bon, sur un
même poisson, de prélever plusieurs écailles, car toutes
ne sont pas également faciles à observer et aussi caractéristiques.

Ces écailles sont lavées dans une solution de soude ou de potasse à 1 p. 100, ce qui a pour but de les débarrasser des matières organiques qui les imprègnent.

On les lave ensuite avec de l'alcool à 90°. Après dessiccation, on les monte à sec entre une lame et une lamelle et on fixe la lamelle à la lame, au moyen de quatre points de paraffine.

On examine au microscope. Un grossissement de dix est suffisant.

BIBLIOGRAPHIE (1)

Board of Agriculture and Fisheries London. — Report upon the Salmon with special reference to age determination by study of scales, 1913.

Ce volume publié par les soins du Board of Agriculture and Fisheries anglais est excessivement intéressant et documenté. Il est en vente à Londres.

P. Brocchi. — Le saumon ordinaire, observation sur ses mœurs. (*Bulletin de la Société Centrale d'Aquiculture*, Paris, 1892).

Calderwood. — The life of the Salmon, 1908, London.

Fatou. — Note sur la question du Saumon dans la circonscription de l'Inspection des Eaux et Forêts de Lorient. *Journal Officiel*, Annexes, 2 décembre 1912.

Hutton. — The scales of Salmon ;
The field, 1910.

Hutton. — Life history of the wye Salmon, London, 1919.

Johnston. — The scales of Tay Salmon as indicative of age, growth and spawing habit: Fishery board

(1) Une bibliographie très complète de la question des écailles de saumon a été publiée par M. J. A. Hutton dans *The Salmon and Trout Magazine*, July 1921.

for Scotland, 23, rd Annual. Report, App. 2, Cd. 2.552.

Johnston. — The scales of Salmon. Fishery board for Scotland :

    24 th Annual Report, App. 2, Cd. 3.042
    25 th   —   —   — 2, — 3.596
    26 th   —   —   — 2, — 4.193

Kunstler. — La Reproduction du Saumon. *Revue scientifique*, 1889.

Malloch. — The life history and habit of the Salmon. London 1912.

Roule. — Étude sur le Saumon des eaux douces de la France considéré au point de vue de son état naturel et du repeuplement de nos rivières. Imprimerie Nationale, Paris, 1920.

Ce livre d'une haute tenue scientifique traite de toute la question du Saumon et le Professeur Roule la met au point d'une façon définitive.

Il est regrettable que la Direction générale des Eaux et Forêts n'ait pas mis un tel ouvrage en librairie.

Violette. — La question du Saumon. *Bulletin de la Société Centrale d'Aquiculture*, 1902.

L'ÉQUIPEMENT

La canne à mouche sera de greenhart ou de bambou refendu et longue de 14 à 18 pieds (*voir fig. 55*), suivant la force et l'endurance du pêcheur, la largeur de la rivière, et suivant que l'on pêche de berge ou en bateau. La longueur moyenne de 16 pieds est la plus recommandable. On peut, pour la saison des *grilses*, descendre jusqu'à 15 et même 14 pieds. Le scion un peu lourd facilite les lancers de distance, mais il n'est pas utile pour les jets où l'on ne déploie pas la ligne en arrière : *loop cast* et *switch cast*.

La canne doit revenir rapidement à sa position première après un lancer imaginaire. On ne peut avoir une impression exacte qu'après un essai avec une ligne et sur l'eau.

Il faut surtout veiller à ce que le scion ne soit pas trop flexible, ce qui interdirait l'emploi des lignes lourdes, qui sont souvent indispensables. L'épaisseur de la ligne faite de soie tressée et apprêtée, doit être très soigneusement déterminée. Il est nécessaire de l'adapter à la longueur et à la force de la canne ; mais il faut surtout se décider d'après la méthode de lancer, qui sera la plus employée dans l'endroit que l'on fréquentera habituellement. Si

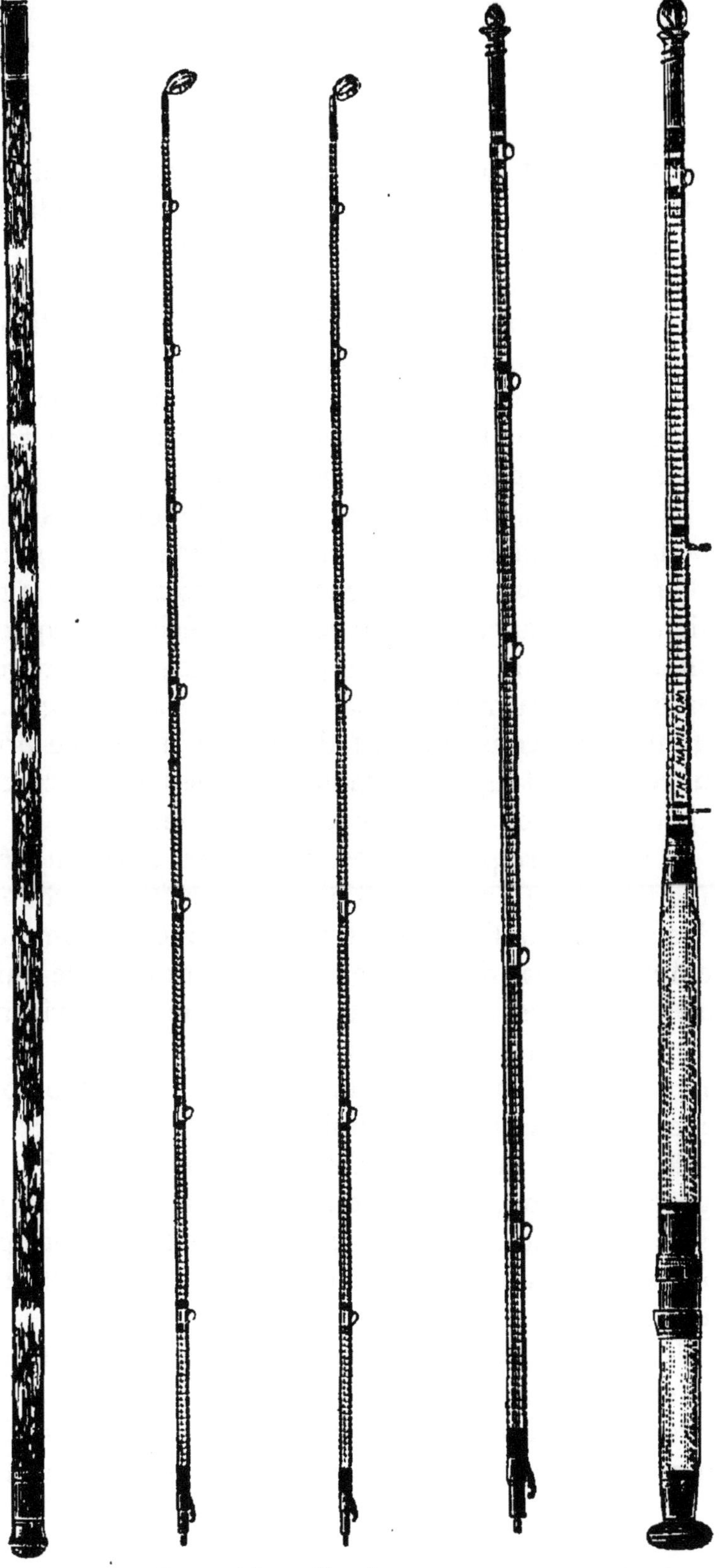

Fig. 55. — Canne The « Hamilton » en bambou refendu.

les berges sont découvertes et que l'*overhead* soit partout exécutable, ce qui est très rare, on peut prendre une soie assez légère, mais si les berges sont difficiles et que le *switch cast* et ses dérivés soient de rigueur, ne pas craindre une soie lourde. En tout cas, il est indispensable de la prendre en « queue-de-rat ».

La longueur de la ligne doit être de 3o à 4o mètres, on la greffe sur une ligne d'arrière en fouet tressé de façon à faire une longueur totale de 8o à 1oo mètres.

Le moulinet, en métal, aussi simple que possible, à plaque tournante et à cric, ne sera jamais trop grand.

Quant au bas de la ligne, son choix est de la première importance ; chaque jour de pêche ne rapporte pas son saumon, aussi, il importe de ne pas perdre ceux des bonnes journées par la faute du bas de ligne. Il y faut veiller constamment, le vérifier à chaque prise, ou, ce qui est fréquent, chaque fois que l'on s'accroche. Il doit avoir trois mètres de long environ.

Le haut s'use peu, le bas, par contre, a besoin d'être modifié fréquemment, soit par usure, soit pour changer l'épaisseur de la florence terminale. Il est très commode de diviser le bas de ligne en deux parties : celle qui se fixe à la soie est en racine tressée de 1 m. 25 environ et terminée par une boucle qui permet de changer facilement la deuxième partie, cette dernière devant toujours se terminer en florence simple.

Comme on fait généralement soi-même ses bas de lignes à saumon, il est utile de savoir reconnaître la florence de bonne qualité ; ce que l'on ne trouve pas partout, surtout dans les diamètres utilisés pour la pêche du saumon.

Un brin de florence doit être régulier, rond et lisse. Un endroit plat ou rugueux doit le faire rejeter.

Pour la pêche de printemps, on choisira de la florence aussi forte que possible. La qualité *Hébra* étant devenue

Loop Cast. — Fin du lancer.

introuvable, on doit se contenter de l'*Impériale*. Mais on peut, en général, pour peu que l'on utilise une canne un peu souple, se contenter de *Marana premier*. En été, pendant la saison des grilses, on peut descendre jusqu'au *Padron deuxième*.

Pour la pêche du saumon à la mouche, la gaffe est indispensable. On fait des modèles pliants ou télescopiques. Tous sont bons. Il faut seulement veiller à deux choses : d'abord, à ce que le modèle choisi ne puisse blesser lorsqu'il est plié et, ensuite à ce que la gaffe soit munie d'un manche assez long. Cela vous sera de la plus grande utilité pour avancer dans l'eau, sur des pierres glissantes, au milieu du courant grossi par les crues printanières.

Car au saumon, il est presque toujours indispensable de pouvoir entrer dans l'eau. Cela est préférable à la pêche en bateau.

Les bottes imperméables sont généralement insuffisantes et il faut recourir au pantalon en caoutchouc. Celui-ci se porte de la même façon que les bas en caoutchouc.

Il faut avoir soin, pour la pêche au début de la saison, de se bien couvrir de laine. De cette façon, on ne craint pas le froid en pêchant dans l'eau. J'ai passé, sans en être incommodé, des journées entières de février dans la rivière, alors que les bords étaient couverts de neige et qu'il gelait au point que j'étais obligé de briser et d'enlever, avec les doigts, la glace qui s'accumulait dans les anneaux de ma canne.

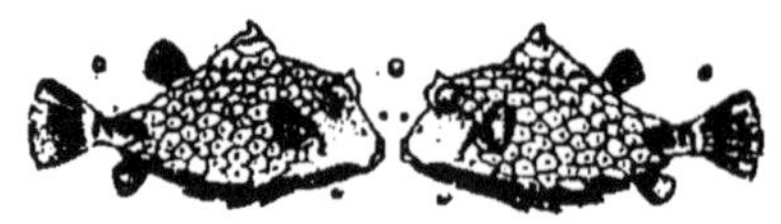

LE LANCER DE LA MOUCHE
A SAUMON

Il est nécessaire d'être familiarisé avec les lancers principaux ; ce sont : 1º l'*overhead cast* ; 2º le *wind cast* ; 3º le *switch cast* ; 4º le *loop cast* ; 5º le *spey cast* ou *spey throw*.

Les trois premiers sont sensiblement les mêmes que ceux décrits pour le lancer de la mouche à truite ; les deux autres, le loop cast et le spey cast, s'appliquent exclusivement à la mouche à saumon.

1º **L'overhead cast** a déjà été décrit comme méthode fondamentale du lancer de la mouche à truite. Ici il s'exécute en tenant la canne à deux mains : la gauche en bas de la poignée, près du bouton de caoutchouc, la droite en haut du liège. Mêmes mouvements que pour le lancer de la mouche à truite, back cast prolongé, la ligne étant plus longue. Avec un peu d'exercice, on arrive facilement à lancer 25 à 3o mètres avec 16 pieds.

Le pêcheur de saumon doit s'habituer à faire travailler surtout la canne. Si l'on tient compte du poids et de la longueur de l'engin à manier, on conçoit facilement que cette habitude réduira de beaucoup la fatigue d'une journée de sport ;

2º Le **wind cast** ressemble beaucoup à l'overhead,

sauf ce fait que le *forward cast* est exécuté après inclinaison de la canne à droite si l'on pêche en descendant la rive gauche et à gauche si l'on suit l'autre berge ;

3⁰ Le **switch cast** s'exécute ainsi qu'il a été décrit pour le lancer de la mouche à truite ;

4⁰ Le **loop cast**, jet spécial à la pêche du saumon, est une modification du *switch cast*. Il est particulièrement utile si l'on pêche dans l'eau. On peut l'exécuter de la berge quand il est possible d'approcher très près du bord et qu'il n'y a pas d'obtacles derrière le lanceur, au ras du sol. En voici la description : la soie, tendue par le courant, est allongée sur l'eau. Le pêcheur relève légèrement la pointe de la canne pour amener à la surface soie et mouche. La canne doit être tenue à bras tendus, aussi éloignée du corps que possible.

D'un mouvement bien accusé, rejeter la canne en arrière puis la ramener en avant sans marquer de temps d'arrêt et en mettant le plus de force possible. La mouche, au cours de ce mouvement, saute hors de l'eau, vient tomber à 5 ou 6 mètres du lanceur, puis, sous l'action du jet en avant, repart vers le large, la soie décrivant le même mouvement que dans le *switch cast*, avec cette différence toutefois qu'elle s'étend un peu en arrière.

Quand on exécute ce jet, prendre bien garde aux personnes qui peuvent se trouver à côté du lanceur, car la mouche part avec beaucoup de force et l'hameçon d'une grosse mouche à saumon peut causer des blessures graves.

Enfin, un dernier lancer est employé par les pêcheurs de saumon et est très en faveur : le **spey cast**. Il peut s'exécuter de la berge, mais est beaucoup plus facile si l'on pêche dans l'eau. Supposons, comme dans le lancer précédent, une vingtaine de mètres de ligne étendus à la surface de l'eau, dans le sens du courant, parallèlement à la berge. A ce moment, élever la pointe de la canne, lui faire dépasser la verticale et l'amener à un angle de 45° environ avec le sol, en amont ; ce mouvement arrache la ligne, mais elle retombe à la surface de l'eau devant le pêcheur, celui-ci effectue aussitôt un puissant jet en avant et la soie, le bas de ligne et la mouche vont s'étendre en ligne droite, rigoureusement dans la direction marquée par la canne. Ces deux parties du lancer s'effectuent également sans marquer de temps d'arrêt.

Une remarque importante : la soie, dans la première partie du jet, s'étend sur l'eau à la condition que le premier mouvement ait été exécuté dans un plan sensiblement parallèle à la berge, car si la pointe de la canne s'est abaissée un peu en arrière, une partie de la soie touchera le sol, ce qui est sans importance s'il n'y a pas d'obstacles, mais qu'il faut éviter s'il y a des buissons, des pierres ou des herbes hautes sur la rive.

Le *spey cast* nécessite une canne puissante, dans ces conditions, c'est peut-être lui qui permet de couvrir les plus grandes distances.

Ce lancer tire son nom de la Spey, une ravissante rivière d'Écosse dans le comté d'Inverness, où l'on pêche surtout en employant ce jet spécial qui y est particulièrement indiqué.

La description de ces divers lancers est aride, elle est assez peu utile, car il est difficile, sauf pour les lancers très simples, de les reproduire sans l'aide de quelqu'un les connaissant pratiquement et susceptible de les démontrer sur le terrain. Les concours de lancers sont particulièrement utiles à ce point de vue, car les débutants y voient lancer correctement, cela ne les transforme pas évidemment en lanceurs parfaits, mais a le grand mérite de leur montrer très exactement comment il faut faire et il leur est ensuite loisible de s'exercer seul tout à leur aise.

LES MOUCHES A SAUMON

Il existe une variété considérable de mouches à saumon. Dans *The Salmon Fly*, M. Géo. M. KELSON en cite plus de 3oo et le capitaine HALE en décrit 36i exemplaires dans son livre *How to tie salmon flies*.

Le débutant aura bien de la peine à dégager de ces listes les modèles principaux qui se réduisent en fait à un petit nombre et à déterminer les quelques types qui lui seront indispensables.

J'insiste sur ce fait que, dans la constitution de votre collection, vous devez varier surtout les tailles des mouches. En pêche cela a une très grande importance : il faut avoir sous la main une variété d'artificielles de tailles différentes de façon à choisir suivant la hauteur de la rivière, la vitesse du courant, la transparence de l'eau, l'état de luminosité de l'atmosphère, la taille juste, c'est-à-dire celle qui ne passera pas inaperçue au poisson et qui, cependant ne sera pas assez grande pour éveiller sa méfiance.

Je ne parlerai, dans les quelques lignes qui vont suivre, que des mouches anglaises dont les modèles sont standardisés d'une façon rigoureuse et régulière.

En effet, les mouches à saumon locales sont montées

avec la plus grande fantaisie, elles n'ont pas de type stable. En France, ces mouches locales se trouvent surtout en Bretagne et sur les bords de l'Allier. Elles sont toutes d'une couleur généralement sombre. Les professionnels qui les fabriquent n'ont pas sous la main de blue chatterer, de coq de roche ou même de faisan doré. Ils montent leurs artificielles avec des plumes d'oiseaux de basse-cour ou de gibier du pays : coq ordinaire, faisan commun, perdrix, dinde, canard, geai, paon, etc.

Les mouches ainsi constituées sont d'une nuance générale un peu terne, par suite des couleurs sobres des matériaux employés pour les monter. Ces mouches prennent des saumons. Les professionnels les préfèrent parce qu'ils en ont l'habitude et, parce que les faisant eux-mêmes avec des matériaux sans valeur, elles ne leur coûtent rien. Toutefois, certains jours, des mouches plus brillantes seraient plus efficaces. D'ailleurs, l'expérience des professionnels locaux, en matière de pêche du saumon à la mouche, est en France plutôt courte.

Je connais tel coin de rivière où, il y a dix ans, tous les professionnels affirmaient que l'on ne pouvait prendre là un saumon à la mouche. Il a fallu la démonstration contraire, faite par quelques sportsmen français et anglais, pour leur prouver l'inexactitude de leur opinion. Depuis, eux aussi se sont mis à la pêche à la mouche et maintenant ils sont passés à un autre extrême : ils prétendent que l'assemblage de plumes et poils, qu'ils ont constitué avec les dépouilles des animaux du pays, est le meilleur qui se puisse trouver pour cette rivière. Opinion aussi prétentieuse et inexacte que la première.

La vérité est plus simple : la mouche à saumon n'est la copie d'aucun animal déterminé, ce n'est qu'un appât de curiosité. Ces appâts ont été variés d'une infinité de manières ; depuis les artificielles sombres et discrètes de l Irlande ou des bords de la Spey, jusqu'à la flamboyante Sir Herbert. Et, il faut avoir en portefeuille des modèles sombres et d'autres plus brillants, pour pouvoir les approprier à l'état de l'atmosphère et à la transparence de l'eau.

Nous allons maintenant passer en revue les principales mouches à saumon.

A. — **Mouches à corps argenté**.

Les principales sont les suivantes :
 Silver Doctor,
 Helmsdale doctor,
 Silver Grey,
 Wilkinson,
 Dusty miller,
 Mar Lodge,
 Murdoch,
 Candlestickmaker,
 Snow fly,
 Joe Brady
 Lion,
 Dandy,

La plupart de ces mouches peuvent être utilisées en toutes tailles du n° 6 au 3/o. Les meilleures sont certainement la Wilkinson, l'Helmsdale Doctor et la Dusty miller.

B. — **Mouches à corps doré**.

Voici les principales :
 Torrish,
 Goldfinch,
 Yellow Wasp,
 Sir Herbert,
 Gold Ranger.

Elles font un peu double emploi avec les précédentes,

il n'y en a aucune à retenir spécialement, sauf peut-être la Yellow wasp.

C. — Mouches à corps en soie.

a) Teinte dominante noire.
>Thunder and Lightning,
>Black Doctor,
>Black and Teal,
>Black dog,
>Black Goldfinch,
>Little inky boy,

Il faut placer en première ligne la *Thunder and Lightning*, une excellente mouche irlandaise bonne en toutes tailles. Elle est réputée donner les meilleurs résultats au début d'une crue, quand l'eau commence à monter.

La *Little inky boy* est spécialement recommandée par M. Kelson pour l'eau basse et claire. Elle doit être montée sur de petits hameçons n°s 5, 6 et 7 par exemple.

b) Teinte dominante orangée ou jaune.
>Jock Scott,
>Popham,
>Owenmore,
>Orange grouse,
>Mystery.

La *Jock Scott* a une réputation mondiale. Elle est bonne en toutes tailles, n° 7 à 6/0.

La *Popham* est également très réputée, mais de montage compliqué.

L'*Orange Grouse* est une bonne mouche irlandaise à utiliser surtout dans les petites tailles.

La *Mystery* a à son actif la capture, par son auteur, d'un saumon de 57 livres sur la Suir.

c) Teinte dominante bleue.
>Blue limerick,

Blue Doctor,
Greenwell,
Lee Blue.
Aucun de ces modèles n'est à retenir.

D. — Mouches à corps en laine et en fourrure.

a) Teinte dominante noire.
Black dose,
Black fairy,
Sun fly,
Toppy.
La *Sun fly* est une bonne mouche d'été, à utiliser en petites tailles, lorsque l'eau est basse et claire.

b) Teinte dominante jaune ou orangée.
Childers,
Parson,
Wormald,
Yellow Eagle,
Tartan.
La *Childers* rappelle en un peu plus brillant les mouches des professionnels de la Bretagne et des bords de l'Allier. Elle est bonne en toutes tailles.

La *Yellow Eagle* est essentiellement une mouche de printemps. On ne l'utilise guère que dans les grandes tailles o à 7/o. Même remarque pour la *Wormald*.

c) Teinte dominante rouge.
Kate,
Poynder,
Durham Ranger,
Red Rover,
Thorndyke.
Le modèle *Kate* a une excellente réputation en Angleterre, sur la Tweed. Elle est bonne dans toutes les tailles.

La *Durham Ranger* est utilisée dans toutes les tailles, c'est une mouche très employée.

La *Poynder* a également une excellente réputation.

d) Teintes diverses.

Butcher,
Lemon and Yellow,
Lemon and Grey.

La *Butcher* est employée dans toutes les tailles du n° 6 à 5/o.

La *Lemon and Yellow* est une excellente mouche irlandaise. Toutes tailles.

E. — Mouches de la Spey.

Les mouches de la Spey sont un peu spéciales, quant à la forme. Elles sont très simples et leurs couleurs discrètes : les teintes brunes et lie de vin dominent : les meilleures sont les suivantes :

Gold Riach,
Purple King,
Fiery Brown,
Lady Caroline.

Pour résumer, si vous ne craignez pas un portefeuille compliqué, composez-le avec les modèles ci-dessous ; vous y trouverez de quoi satisfaire les plus difficiles :

Wilkinson, n° 6 à 6/o.
Thunder and Lightning, n° 6 à 5/o.
Little inky boy, n°ˢ 5, 6 et 7.
Sun Fly, n°ˢ 5, 6 et 7.
Jock Scott, n° 7 à 5/o.
Childers, n° 7 à 6/o.
Yellow Eagle, n° o à 7/o.
Durham Ranger, n° 7 à 4/o.
Lemon and Grey, n° 7 à 6/o.
Gold Riach, n° 2 à 5/o.
Fiery Brown, n° 2 à 5/o

Si vous m'en croyez, vous pourrez limiter cette liste aux mouches suivantes :

Wilkinson,
Thunder and Lightning,
Jock Scott,
Childers,
Durham Ranger,
Gold Riach,

Et si poussant encore plus loin l'amour de la simplicité, vous ne voulez pas utiliser plus de deux ou trois mouches, prenez la *Wilkinson* et la *Thunder and Lightning*.

LE MONTAGE DES MOUCHES
A SAUMON

Un pêcheur de saumon, digne de ce nom, doit être capable de monter lui-même ses mouches, si cela est nécessaire.

Ce montage est d'ailleurs beaucoup plus facile que celui des artificielles destinées à la pêche de la truite et il procède des mêmes méthodes. Il est donc inutile de répéter ici, ce qui a été dit plus haut au chapitre consacré à la fabrication des mouches à truites. Toutefois, il est indispensable de dire quelques mots des matériaux employés qui sont différents et, aussi de signaler quelques petits tours de main utiles.

La soie. — On emploie la même soie à monter, mais il est préférable de la doubler pour l'emploi. Elle doit être très fortement cirée, car il faut fixer très solidement à l'hameçon les diverses parties constituantes de la mouche. Si l'on n'y prend pas garde, l'artificielle, une fois terminée, aura une tendance à tourner autour de la hampe de l'hameçon, ce qui est détestable.

On recommande la poix de cordonnier pour cirer la soie. Elle a un inconvénient grave, qui est de tacher les doigts et tous les matériaux que l'on touche ensuite. Je lui préfère de beaucoup la vieille formule de Francis-Francis qui se prépare ainsi :

Chauffer deux onces de résine (colophane) avec un quart d'once de cire d'abeilles pendant dix minutes, ajouter un quart d'once de suif et chauffer un quart d'heure.

Puis on verse dans l'eau froide et donne par pétrissage avec les doigts la forme désirée.

Pour les corps, on utilise de la *soie floche* que l'on trouve facilement en toutes teintes.

On utilise également la fourrure du phoque, les soies de porc et le mohair de toutes teintes.

On emploie également des *fils métalliques* dorés ou argentés, ronds ou plats, mais plus gros que ceux utilisés dans le montage des mouches à truites.

Comme *hackle*, on consomme surtout les grandes plumes du cou du coq, teintes à la nuance appropriée. Aussi les plumes de la poitrine du canard, les hackles de héron, etc.

Les principales plumes employées pour monter les mouches à saumon sont empruntées aux oiseaux suivants :

Au *faisan doré*, on prend les plumes jaune doré de l'aigrette, celles oranges et noires du cou.

L'*Ara ararauna* du Brésil (Blue macaw) et l'ara Macao (Red macaw) fournissent de superbes plumes bleu de ciel et rouges.

Le *Paon*, les plumes vert bronzé et ocellées de la queue, dont les barbes entrent dans la composition des ailes de bien des mouches à saumon.

La *Corneille des Indes* (Red Breasted Crow), les plumes rouges de la poitrine.

Le *Toucan*. Les plumes rouges et jaunes de la queue sont utilisées soit comme hackle, soit pour garnir le corps des mouches.

Le *Jungle Cock* ou coq Indien. Les plumes de la collerette du cou ont une tache cornée d'un blanc brillant. Elles sont utilisées dans un très grand nombre de modèles de mouches à saumon.

Le *Perroquet amazone*. Les plumes jaunes et rouges pour les ailes.

Le *Coq de Roche* de la Guyane donne des plumes d'une teinte orange remarquable.

Le *Cotinga Cayana* de la Guyane (Blue Chatterer), donne de très belles plumes bleues qui sont souvent remplacées dans le montage des mouches par des plumes de Martin-Pêcheur.

L'*Outarde* (Bustard) fournit de belles plumes brunes ponctuées de noir dont les barbes sont très utilisées pour les ailes. De même, les grandes plumes de la dinde, de la sarcelle et du canard. Également, les plumes de cygne teintes en toutes nuances.

Enfin, on peut citer comme utilisées pour quelques mouches spéciales : les plumes bleues des ailes du geai, les hackles de héron, les barbes de plumes d'autruche teintes en toutes nuances.

Pour le montage des mouches à saumon, on utilise les mêmes instruments que pour les mouches à truite : étau, pinces, ciseaux, etc.

Il faut apporter le plus grand soin au choix des hameçons. Je recommande vivement l'emploi des hameçons à œillet métallique, qui se généralise de plus en plus.

Si l'on tient à l'hameçon avec œillet en racine tressée, voici comment il doit être monté :

On fait tremper une demi-heure dans l'eau le fragment de racine tressée que l'on veut utiliser. Puis, on le replie sur lui-même de façon à former l'œillet et on ligature solidement sur la tige de l'hameçon avec du fil poissé ou de la soie. La racine doit descendre jusqu'à la naissance de la courbure de l'hameçon. Quand la ligature est terminée, on laisse sécher, puis passe deux couches de vernis.

Le montage des mouches à saumon est, comme je l'ai dit plus haut, incomparablement plus facile que celui des artificielles utilisées pour la pêche de la truite. Je ne dis pas que l'on doit arriver du premier coup à dresser des mouches d'une forme parfaitement correcte, mais on doit réussir des modèles suffisants pour la pêche et qui seront une copie honorable du modèle choisi.

Aux personnes qui désirent des renseignements et des indications détaillées sur la manière correcte de monter les mouches à saumon, je conseille vivement la lecture du livre du Capitaine Hale : *How to tie Salmon flies*, dont une deuxième édition a été publiée en 1919 par les soins de M. Marston, l'éditeur de la *Fishing Gazette*, à Londres.

On trouvera dans ce livre une description minutieuse et claire du montage des mouches à saumon.

LA PÊCHE DU SAUMON
A LA MOUCHE ARTIFICIELLE

Le saumon se pêche à la mouche noyée, un peu dans le même style que la truite. Cela a pu faire dire qu'un bon pêcheur de truite peut, à l'occasion, se transformer en un pêcheur de saumon passable. Cela est juste, mais seulement pour ceux-là qui vraiment *savent* pêcher à la mouche noyée.

Entre les deux sports, il y a une différence profonde : si un pêcheur de truite est amené sur le bord d'une rivière inconnue, il saura du premier coup d'œil, par son habitude et sa connaissance de l'eau, où sont les truites. Pour le saumon, rien de semblable, la connaissance de l'eau n'existe pour ainsi dire pas. L'étude de l'apparence de la rivière donne les indications les plus inexactes sur les endroits où le saumon est susceptible de monter à la mouche.

Dans toutes les rivières, il y a des *pools* magnifiques qui, pour des raisons particulières inconnues de nous, ne sont pas fréquentés par le saumon. Dans d'autres, il ne monte jamais à la mouche.

Un pêcheur qui arrive sur le bord d'une rivière doit,

PÊCHE DU SAUMON. — La manœuvre de la mouche.

avant tout, faire état de l'expérience acquise par les habitués du lieu. Eux seuls peuvent le renseigner sûrement sur les endroits où l'on capture du poisson. Mais, s'il se fie à son intuition, neuf fois sur dix elle le trompera.

Malheureusement, en France la pêche du saumon n'est pas assez développée pour que l'on puisse obtenir des renseignements sûrs et précis. Ce n'est pas comme dans les rivières d'Angleterre, d'Ecosse, de Norvège ou de Finlande, où chaque pool a son nom, et est étudié depuis des années. Toutefois, si succincts soient-ils, les renseignements que vous pourrez obtenir vous seront toujours utiles.

On pêche le saumon en descendant le courant, lançant la mouche en travers de la rivière, vers l'autre berge. On la laisse s'enfoncer et suivre le courant, qui lui fait décrire un arc de cercle, et la ramène vers la rive. A ce moment, on reprend 1 mètre ou 2 de soie et effectue un nouveau lancer. Si le courant, au milieu de la rivière, est très rapide, il entraînera la ligne et la mouche à une telle vitesse qu'un poisson ne peut la saisir. Dans ce cas, user du même procédé qu'à la pêche à la truite : à la fin du lancer, au moment où la soie va s'étendre sur l'eau, rejeter la pointe de la canne vers le haut du fleuve, la ligne tombe en zigzags et le temps que met le courant à la tendre peut suffire au saumon pour monter à la mouche.

La pointe de la canne doit suivre les évolutions de la ligne et aussi « travailler la mouche » : en élevant et abaissant l'extrémité du scion. On peut, tandis que le courant entraîne la ligne, laisser filer quelques mètres de soie, mais sans excès. A la fin du jet, quand la ligne est parallèle à la rive, en récupérer quelques mètres avant de lancer à nouveau.

Il faut travailler la mouche avec lenteur, cela est indispensable pour qu'elle se maintienne profonde. C'est là le principal secret des pêcheurs heureux : laisser l'artificielle s'enfoncer profondément dans l'eau.

Les meilleurs endroits des rivières sont les pools (1) ; cependant, il en est où le saumon ne monte jamais à la mouche, et rien ne peut les désigner spécialement ; on ne peut l'apprendre que des pêcheurs du pays, ou de son expérience propre, si l'on n'est pas pressé par le temps. Beaucoup de ces pools contiennent du saumon susceptible de prendre la mouche seulement quand l'eau atteint un niveau minimum.

Au début de la saison, quand l'eau est très courante et très forte, il faut pêcher à la queue des pools. Ce n'est que plus tard, en pleine saison, que l'on peut prendre du poisson en tête des pools.

La pêche du saumon ne comporte pas de nombreux lancers comme celle de la truite : quand on pêche dans un pool, si l'on réussit à faire passer sa mouche correctement et assez profond, trois ou quatre fois, il est inutile d'insister.

Le facteur le plus important pour la pêche à la mouche artificielle est la hauteur de l'eau. Les mouvements de crue ou de baisse de la rivière ont une influence considérable sur le saumon, sur sa montée vers les frayères ou son séjour régulier en un point déterminé. C'est quand l'eau a atteint sa hauteur moyenne du printemps, que la pêche à la mouche donne les meilleurs résultats, c'est-à-dire en avril-mai pour la France.

Les mouvements de l'eau en hausse incitent le saumon à se déplacer et à avancer vers l'amont.

Les mouvements de baisse de l'eau l'induisent en méfiance.

(1) Pool : on nomme ainsi un endroit calme et profond de la rivière qui suit immédiatement un courant rapide, une chute, un barrage ou un écueil.

Le sport est généralement bon quand le niveau de l'eau ne monte que très lentement et, surtout, quand il se stabilise à la hauteur moyenne habituellement atteinte par la rivière, au milieu du printemps, disons vers la fin d'avril.

C'est surtout alors qu'il importe de laisser la mouche s'enfoncer profondément dans l'eau. En été, au contraire, on peut pêcher plus près de la surface.

Les hausses rapides de la rivière sont très mauvaises. Leur influence néfaste sur le sport est d'autant plus marquée, que l'on pêche près de l'embouchure de la rivière.

A vrai dire, la bonne saison de la pêche du saumon à la mouche ne comporte que peu de jours chaque année ; elle est très limitée.

En ce qui concerne les mouches, j'ai exposé tout au long mon opinion dans un chapitre précédent : il faut se préoccuper de leur nuance générale et surtout de leur taille. La diversité et le nombre des plumes d'oiseaux rares qui interviennent dans leur montage n'a aucune influence sur le résultat de la pêche. La variété infinie des modèles de mouches à saumon a été imaginée, davantage pour plaire au pêcheur, qu'à ses victimes.

Quand, arrivé sur le bord de la rivière, vous avez à choisir la mouche que vous devez attacher à votre bas de ligne, pensez que le but à atteindre est de présenter une artificielle dont la couleur et la taille soient capables d'attirer l'attention du saumon, d'exciter sa convoitise, cela sans éveiller sa méfiance.

Quand la rivière est haute, au début de la saison : en février, mars, l'eau est généralement un peu louche, c'est le moment d'utiliser de grosses mouches : jusqu'au 7 ou 8/0. On peut utiliser alors les mouches dites *lures*, montées sur deux hameçons doubles ou triples, placés à la suite l'un de l'autre (voir fig. 56). Beau-

coup hésitent à employer ces très grosses mouches, car
elles sont difficiles à lancer. Le meilleur système, dans
ces conditions, est de se borner presque exclusivement
au switch cast et au spey cast, exécutés avec une canne
puissante.

Il faut choisir de préférence des modèles à corps
argentés, telles la *Wilkinson*, la *Silver Grey*, le *Silver*

Fig. 56. — Lure pour saumon.

Doctor. La teinte orange semble aussi très attirante.
M. Hunter, de la Maison *Farlow*, à Londres, m'a com-
muniqué, il y a quelques mois, une nouvelle mouche à
saumon dite *Prawn Fly* (mouche crevette). Cet appât,
monté avec des plumes de coq de roche imite admirablement la grosse crevette, le bouquet. Je suis persuadé
qu'au printemps cette mouche donnera les meilleurs
résultats.

A cette époque, le saumon qui vient de remonter de
la mer est peu méfiant. C'est au fur et à mesure que son
séjour en eau douce se prolonge, que sa défiance
augmente.

Quand l'eau baisse et s'éclaircit, il faut réduire la
dimension et l'éclat des artificielles. En bonne saison,
la taille des mouches à utiliser varie du 3 au 2/0.

Plus tard, en mai, juin, juillet, on peut descendre jusqu'au n° 5.

Pour les petites mouches (à partir du n° 2), je conseille vivement l'hameçon double.

En automne, il est souvent nécessaire de revenir à des hameçons de plus grande taille.

Dans les endroits peu profonds et dans les parties calmes de la rivière, il est rarement utile de passer de grosses mouches. Il vaut mieux garder celles-ci pour les pools profonds et les courants rapides.

Le temps : soleil, nuages, directions du vent, gelée, etc., semble n'exercer aucune influence bonne ou mauvaise sur la pêche du saumon.

Les meilleures heures de la journée, sont également imprécises. La tombée de la nuit, si favorable pour la pêche de la truite, ne semble pas non plus avoir d'influence.

L'attaque du saumon est très variable : parfois, et surtout en eau calme, il se contente de fermer la bouche sur l'appât et il faut ferrer de suite, avant qu'il ne le rejette. Lorsque l'on travaille la mouche, on perçoit l'attaque ; si donc on la sent s'arrêter, ferrer légèrement, si c'est un saumon, un très léger mouvement suffira à fixer l'hameçon. En eau plus rapide, la touche est plus franche et parfois très violente.

Lorsque l'on voit la mouche suivie d'un remous qui indique qu'un saumon la poursuit, il faut surtout ne pas ferrer trop tôt. L'on ne ferre avec certitude que si l'on a perçu la touche du poisson.

Si un poisson monte et manque la mouche, il est bon de la changer pour un modèle différent, mais de préférence plus petit.

Sitôt un poisson pris, élever la canne verticalement et freiner le moulinet ; le premier démarrage du saumon est irrésistible, et il importe de lui laisser dérouler le

moulinet assez librement, tout en le freinant suffisam
ment pour éviter qu'il ne s'emballe, ce qui peut causer
un embrouillement de la soie, qui arrête net la bobine.
Sous le choc, le bas de ligne a toutes chances de céder et
de faire perdre le poisson.

Quand le saumon saute hors de l'eau, on recommande,
comme pour la truite d'ailleurs, de baisser la pointe de
la canne. C'est une manœuvre illogique mécaniquement.
ment. En effet, elle a pour résultat de détendre la ligne
de telle façon qu'en retombant dans l'eau, la tête la
première, le poisson prend de l'élan et, lorsque dans sa
course il tend la ligne à nouveau, c'est de toute la force
de cet élan. Pour mon compte personnel, j'ai toujours
employé une méthode diamétralement opposée : si un
poisson saute hors de l'eau, je jette la pointe de la canne
en arrière et recule même de quelques pas si cela est
nécessaire et possible, de façon à tendre la ligne immédiatement. Elle ne supporte ainsi, au maximum, que le
poids du poisson, diminué de ce que lui retire l'élasticité de la canne. La ligne restant ainsi constamment
rigide, il est impossible au saumon de trouver le champ
nécessaire pour prendre l'élan, qui, arrêté par la ligne
se tendant subitement, sera peut-être suffisant pour
rompre la florence.

La règle qui affirme que le temps nécessaire à
fatiguer un saumon est de une minute par livre,
est de pure imagination. Rien n'est plus variable,
suivant la partie de la bouche dans laquelle le
saumon est pris et, surtout, suivant sa vigueur qui est
inversement proportionnelle au temps qu'il a passé en
rivière.

Les poissons les plus puissants sont ceux qui viennent
d'arriver de la mer. On les reconnaît à ce qu'ils portent
encore, parfois, sur le corps des parasites spéciaux,
dénommés poux de mer (*Lepeophtheirus Salmonis*), et

qui disparaissent après cinq ou six jours passés en eau douce.

Lorsque l'on a la chance d'avoir piqué un saumon, il faut l'amener à la gaffe aussi vite que la solidité de votre monture vous le permet. A chaque minute vos risques de perdre le poisson augmentant.

Le saumon le plus long à fatiguer est celui, qui est dit *sulky* : il se précipite au fond de la rivière, se cale la tête entre deux pierres ou contre une racine ou une roche, et reste fermement dans cette position pendant que vous attendez indéfiniment.

Quand on est seul il est généralement difficile de gaffer un beau saumon, il est préférable de laisser ceci au porte-carnier. Il doit se tenir immobile près de la rivière, la gaffe enfoncée sous l'eau ; c'est au pêcheur qu'incombe le soin d'amener le saumon à portée de la gaffe. En aucun cas le porte-carnier ne doit courir après le poisson.

LA PÊCHE DU SAUMON A LA CREVETTE

La crevette cuite est un des meilleurs appâts pour la pêche du saumon à la ligne. C'est surtout celui qui donne les résultats les plus réguliers. Il réussit très bien quand l'eau est basse et claire et la pêche à la mouche inutile.

Quand la rivière est haute, son emploi peut être également fructueux si l'eau est claire.

La crevette employée pour le saumon est la grosse espèce dite bouquet. On l'utilise cuite dans l'eau bouillante contenant un peu de nitrate de potasse pour aviver leur couleur. On l'emploie soit fraîche, soit conservée dans la glycérine ou, mieux, dans le sel. On fixe la crevette sur une monture formée de deux racines munies de deux ou trois hameçons doubles ou triples montés à l'anglaise, et d'une aiguille plombée ou non (*voir fig. 57.*)

On consolide la crevette sur ce tackle par quelques tours de fil rouge.

On emploie une canne en bambou refendu garnie de

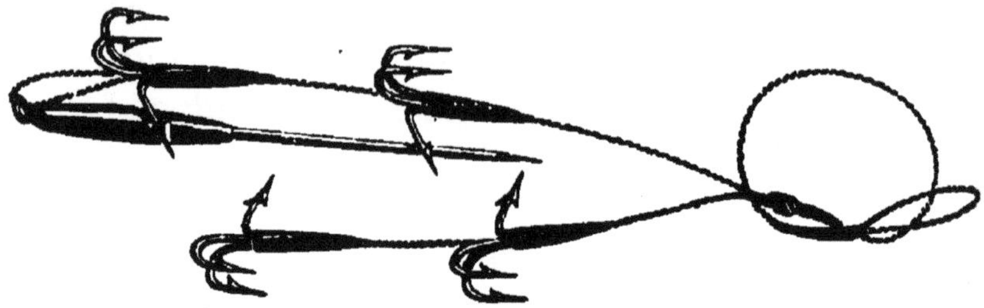

Fig. 57. — Monture à crevette.

grands anneaux d'agate ou de porcelaine et longue de 3 mètres à 3 m. 5o.

Si la crevette est suffisamment plombée, on peut la lancer d'un moulinet Nottingham ordinaire. Mais il est préférable d'employer les moulinets modernes très libres qui permettent de lancer des poids insignifiants.

On peut encore lancer la ligne lovée.

En pêche, maintenir la crevette en deux eaux, mais cependant assez près du fond.

Pour plomber l'appât, on se base sur la vitesse du courant et la profondeur de l'eau.

Quant au bas de ligne, il est en florence, muni d'émerillons, et ne doit pas dépasser 1 m. 25 à 2 mètres de longueur.

La pêche du saumon à la crevette peut donner les meilleurs résultats dans les pools profonds. Elle prend là une forme spéciale qui la rapproche de la pêche dite « trolling »,

LA TRUITE DE MER

L'OMBRE

LE CHEVESNE ET LA VANDOISE

LA TRUITE DE MER

La truite de mer (*salmo trutta*), vit dans l'Océan, mais revient dans les fleuves pour y frayer. Elle n'est cependant pas astreinte, comme le saumon, à des voyages périodiques, et l'on peut en trouver toute l'année en eau douce.

La « truite blanche » d'Irlande (white trout), n'est autre que la truite de mer ; elle est également connue dans le pays de Galles sous le nom de « sewin ». Dans d'autres parties de l'Angleterre, on la nomme « bull trout », « herling » et « salmon trout ».

Elle était autrefois très abondante dans les rivières et les ruisseaux côtiers qui se jettent dans la Manche et la mer du Nord ; mais les barrages et les braconniers l'ont rendue très rare. En France, étant donné le privilège accordé aux inscrits maritimes de pêcher au filet, et comme ils l'entendent, à l'embouchure des rivières, sa disparition complète n'est plus qu'une question de temps.

Elle peut atteindre un poids élevé et des individus de 8 et 10 livres ne sont pas exceptionnellement rares en Norvège et même en Irlande. Dans nos petits fleuves côtiers, la moyenne des captures oscille entre 1 et 2 livres.

La truite de mer se place, avec le saumon et la truite commune, au premier rang des poissons de sport ; et, comme pour ceux-ci, le mode de pêche le plus intéressant est bien certainement la mouche artificielle.

D'abord l'équipement. Deux cas peuvent se présenter : celui où l'on pêche dans une rivière visitée par du saumon, ce qui est le cas habituel, et celui où, dans l'endroit considéré, on ne rencontre normalement que de la truite. Si l'on explore une de ces dernières rivières, une bonne canne à truite à une main de 10 pieds à 10 pieds 1/2 (3 mètres à 3 m. 15), en bambou refendu et plutôt raide, est tout à fait suffisante, car on n'a guère de chance de rencontrer là de très grosses truites de mer. Dans l'autre cas, qui est le plus fréquent, une canne à deux mains est préférable : bambou refendu ou excellent greenheart de 14 pieds de long (4 m. 25 environ). On munit cette canne d'un moulinet en métal à plaque tournante susceptible de contenir 40 à 50 mètres de ligne. Pour cette dernière, on choisira une soie en queue-de-rat plutôt forte. Les soies dites Halford ou Héron n° 4 ou 5 sont de bonne grosseur ; on la greffe sur du fouet tanné et tressé de façon à obtenir 50 à 60 mètres de longueur. Bas de ligne en queue-de-rat, en florence, terminée en padron ou en fina.

On capture des truites de mer accidentellement en pêchant la truite commune avec les plus petites mouches, mais on en prend aussi avec des mouches à saumon de taille raisonnable n° 1 et 2. Si l'on veut se placer dans les meilleures conditions pour prendre surtout de la truite de mer, il faut avoir une collection de mouches montées sur hameçons, dont la taille soit comprise entre les n° 7 et 10, en se souvenant bien qu'il vaut mieux, pour cette pêche, avoir l'appât trop petit que trop grand.

Comme modèles, les mouches à saumon montées sur
les tailles d'hameçons qui viennent d'être citées sont
très bonnes, mais on ne trouve pas communément des
modèles au-dessous du n° 8. Il n'est pas nécessaire
d'avoir des types très variés et les quatre suivants sont
suffisants : Jock Scott, Blue doctor, Thunder and Lightning et Black doctor. Ces artificielles ont l'inconvénient
d'être assez chères. Comme elles ne donnent pas de
résultats nettement supérieurs à ceux des mouches pour
la truite de lac, on se trouvera bien d'utiliser surtout
ces dernières. On pourra d'ailleurs les obtenir en toutes
tailles utiles. Les modèles suivants sont surtout à
retenir :

Wickham fancy.
Red palmer.
Heckham and red.
Butcher.
Teal and claret.
Mallard and claret.

Ces dernières mouches : la Teal and claret et la Mallard and claret sont parmi les meilleures que l'on puisse
trouver pour les rivières du continent qui se jettent dans
la Manche et la mer du Nord.

L'expérience a prouvé, en effet, que les mouches de
couleur générale sobre étaient préférables en ces endroits
alors que pour les rivières de Norvège, les couleurs brillantes sont plus meurtrières.

Mais lorsque le poisson mord franchement, toutes les
artificielles sont bonnes si elles ne sont pas d'une taille
exagérée.

En règle générale, la pêche à la truite de mer n'est
bonne que par le mauvais temps : lorsque le vent souffle assez fortement du large. C'est alors qu'il faut se
mettre en campagne, et ceci explique pourquoi il faut

une ligne lourde, afin de pouvoir lancer, s'il est nécessaire, contre l'ouragan.

C'est par les mauvais temps les mieux caractérisés
que l'on a le plus de chance ; mais si le temps est calme
et le ciel clair, il est inutile de pêcher la truite de mer :
elle ne fournira qu'un sport nul ou au moins médiocre.

L'attaque de ce poisson est très brutale et il faut être
très habile pour ferrer, surtout avec la canne à deux
mains ; mais de toute façon on en manque beaucoup.
Si l'on manque coup sur coup, plusieurs poissons, on
se trouvera généralement bien de mettre une mouche
d'un numéro inférieur.

Il est rare que l'on pêche la truite de mer exclusivement, les résultats sont trop aléatoires, et si l'on a quelque temps à dépenser sur le bord d'une rivière à truites
ou à saumons, on préférera pratiquer sérieusement la
pêche classique de l'un ou de l'autre de ces poissons,
et ce n'est que si le temps devient très mauvais que l'on
pourra essayer la truite de mer.

L'OMBRE A LA MOUCHE

En France, beaucoup de pêcheurs à la mouche ignorent l'ombre : cela tient sans doute à ce qu'on ne le rencontre que dans un nombre très limité de cours d'eau et à ce qu'on n'a point cherché à l'acclimater dans les autres, comme on l'a fait en Angleterre où sa pêche qui est une pêche d'automne et d'hiver, prolonge agréablement la période de la mouche. Certains l'accusent de montrer une prédilection pour des artificielles aux couleurs voyantes qui ne représentent aucun insecte connu et, s'ils pardonnent au saumon, en raison de l'énormité de sa taille, ce travers, ils ne l'excusent pas chez le poisson délicieux que M. Francis, séduit par l'élégance de ses formes et la douceur de ses mœurs avait appelé : « *The ladylike fich* ». Je vais ici plaider sa cause, bien humblement, après les maîtres qui, mieux que moi, ont parlé de lui, parce que je lui dois, sinon les émotions les plus fortes, du moins les plus délicates d'une longue carrière de pêcheur à la mouche.

L'ombre paraît un hybride : par sa forme dodue et allongée, sa queue puissante et fourchue, il rappelle le barbeau, sa tête ressemble à celle de la vandoise, son écaille, d'un gris argenté, ses flancs semés de points noirs font songer au saumon, mais il possède ce que n'ont ni le saumon, ni le barbeau, ni la vandoise : une nageoire dorsale large comme un drapeau, teintée de nacre et de rose. Walton lui trouve l'odeur du concombre et il est de tous les poissons de rivière, celui qui a les plus beaux yeux. On a beaucoup exagéré, dans la description qu'on en donne, la petitesse de sa bouche, remarquable surtout chez les jeunes ombres. Il fraie, comme la blanchaille d'avril à mai et doit sans doute à cette particularité le mauvais renom dont il jouit dans certaines parties de l'Angleterre où des paysans ignorants, lorsqu'ils le prennent, l'abandonnent sur le pré.

Il atteint, paraît-il, dans des rivières comme l'Avon et l'Itchen, le poids de quatre livres. Je n'en ai jamais vu, chez nous, de plus de huit cents grammes. Selon les eaux, sa chair, toujours fine, dont le goût rappelle un peu celui du poisson de mer, a plus ou moins le parfum de thym auquel il doit son nom de « *Thymallus* ». Il n'est pas exagéré de dire qu'un bel ombre meunière est un mets digne des dieux.

L'ombre se nourrit, à fond, de larves, de petits crustacés et, en surface, de moucherons qu'il aspire d'une petite succion très caractéristique à laquelle on ne se trompe point si une fois on l'a observée. Quant à sa défense, elle n'est pas invariable : on peut écrire cependant que, s'il est gros, il pique d'abord sur le fond, à la façon du barbeau, puis, se laisse venir en se tordant sur lui-même, comme le fait parfois le brochet, ce qui est beaucoup plus habile, pour le but qu'il veut atteindre, que les sauts de la truite.

C'est un poisson qui vit par bancs composés d'individus de toutes tailles généralement en queue des courants. Les vieux ombres, comme les vieilles truites, affectionnent les places calmes et profondes. Enfin, le type de la rivière à ombres paraît être une rivière claire,

LE SAUMON A LA GAFFE.

assez froide, ombragée, où des parties calmes font suite à des courants, et à des gués à fond de cailloux ou de roche, mais beaucoup de rivières qui répondent à cette description ne contiennent pas d'ombres, tandis que d'autres qui n'y répondent point en nourrissent des quantités.

On trouve de l'ombre dans l'Ain, l'Allier, le Rhône, l'Isère et plusieurs de leurs affluents. On n'en trouve pas, que je sache, dans nos rivières à truites de Normandie, alors que nombre de celles du Sud de l'Angleterre sont fameuses pour sa pêche.

En mouche noyée comme en mouche sèche l'ombre mord plutôt doucement : c'est un simple arrêt de la ligne au fil de l'eau, ou une petite traction qui se répète si le poisson s'est manqué et s'il en vient un autre, ou bien une trouée du courant sur votre mouche flottante, ou encore l'apparition soudaine d'un dos et d'une nageoire qui fait songer à la nage roulante, bien connue, des dauphins.

Dans tous les cas, il importe de ferrer, en raison surtout de la finesse de la ligne, avec beaucoup de souplesse. On a quelquefois avantage à ne pas ferrer trop vite, l'ombre dont la bouche est située en dessous, étant obligé de se retourner sur lui-même pour prendre la mouche. Ce retard au ferrage, si j'ose dire, est le secret de la réussite de beaucoup de pêcheurs d'ombres et l'écueil de bien des pêcheurs habiles sur la truite et inexpérimentés sur l'ombre.

On a dit que l'ombre manquait souvent la mouche, non pas intentionnellement, comme la truite le fait parfois, mais parce que, dans un courant rapide, il calcule mal son élan et arrive trop tard : c'est possible ; il serait cependant téméraire de rien affirmer. Je crois qu'à certains jours l'ombre joue avec la mouche et je crois aussi que, montant sur des moucherons qu'il gobe, il lui arrive de monter sur l'imitation imparfaite que vous lui offrez et de la refuser. Ce qui est sûr, c'est que, même touché, il reviendra deux et trois fois sur la mouche qui lui plaît; s'il boude ensuite, il suffira souvent, pour le décider à monter de nouveau, de changer votre mouche pour une autre qui lui convienne; c'est un fait très intéressant que j'ai eu maintes fois l'occasion d'observer.

Dans son livre *Grayling fishing in South Country Streams* : un des meilleurs ouvrages écrits sur l'ombre, M. H. A. Rolt conte l'anecdote suivante :

« Pêchant près d'Edington Bridge, il voyait depuis « quelque temps au même endroit, sa mouche flottante « disparaître, comme aspirée par un remous, et apparaître « de nouveau, sans pouvoir s'en expliquer la cause. Il ré- « solut de ferrer à tout hasard, si sa mouche disparaissait « encore une fois et le résultat fut un ombre de une livre « douze onces. »

La question des mouches à ombres, surtout en ce qui concerne la taille des hameçons à utiliser, a fait l'objet de controverses. Les pêcheurs de l'Ain — Charles de Massas : *Les pêcheurs à la mouche artificielle* — faisaient rougir au feu des aiguilles d'acier fin dont ils recourbaient la pointe et, sur les hameçons-aiguilles ainsi obtenus, montaient leurs mouches attachées à un crin. J'ai vu, soit dit en passant, des professionnels se servir de mouches semblables dont l'hameçon-aiguille affectait une courbe hélicoïdale sur la Maggia près de Locarno. On trouve aujourd'hui à Lyon de ces *mouchettes de la rivière d'Ain :* il y a toute une gamme de couleurs; on en met six à dix sur le même bas de ligne afin de couvrir la plus grande largeur de courant possible, là où se tiennent les petits ombres.

Au contraire, les pêcheurs de l'Allier montent leurs mouches à ombres sur des hameçons aussi forts que ceux qui leur servent pour la truite. De même, dans

certaines régions, ces mouches noyées se parent des
couleurs les plus vives : écarlate, jaune serin, violet ;
ailleurs, de teintes indécises : gris taupe et roux. Ceci
dit pour la mouche noyée, de beaucoup la plus répandue,
nous aurons je crois épuisé ce sujet, si nous ajoutons
que, pour atteindre les gros ombres, ceux qui se tiennent
au fond des *pools*, il y aura quelquefois avantage,
comme le suggère M. Rolt, lorsqu'on fait soi-même ces
mouches-araignées, à entourer préalablement la hampe
de l'hameçon d'un petit fil de plomb destiné à le faire
couler et que recouvrira la soie, ou mieux un ruban de
celluloïd qui garde, dans l'eau, tout son brillant. Mais
laissons ces tristes choses pour nous élever vers le pur
domaine de la mouche sèche.

Certains pêcheurs donnent la préférence à la mouche
de fantaisie sur celle qui copie l'insecte naturel. Je me
bornerai à citer par ordre d'importance les modèles
dont la célébrité n'est plus à faire : *Wickam, The Witch,
Red Tag, Olive Dun, Gold ribbed Hare's Ear, Green
Insect, Tup's Indispensable.* M. Rolt ne recommande
pas l'emploi de mouches montées sur hameçons n° ooo,
ni même oo. Il estime suffisamment petit un hameçon
n° o, ou même n° 1, pour un poisson auquel on a fait
la réputation injustifiée d'avoir la bouche très petite et
très tendre. Je suis de son avis en ce qui concerne la
mesure et la fragilité de la bouche de l'ombre, mais je
me permets d'en différer quant à l'usage des mouches
sur hameçons n° ooo auxquelles je dois mes plus belles
pêches d'ombres.

Je n'ai pas reconnu les qualités exceptionnelles attri-
buées à la *Wickham* ; la *Red Tag,* la *Gold Ribbed Hare's
Ear,* le *Green Insect* et la Sorcière *The Witch* ne m'ont
pas donné de bons résultats. Mes préférences vont aux
Blue Quill Spinners et *Red Quill Spinners* à quatre
pointes de hackle sur ooo très acérés qui sont la repro-

duction la plus exacte de moucherons communs à l'automne sur les rivières encore basses, très claires et favorables à la pêche à la mouche sèche. J'ajoute la fantaisie : *Tup's Indispensable,* également très petite, habillée de mohair rose avec un tour de soie jaune clair et de très fin hackle gris, cendre et roux, qui est une mouche de premier ordre et peut quelquefois se substituer aux deux premières. Il est bien entendu que dans certains cas l'ombre montant sur une éclosion de mouches qui momentanément flattent son appétit, pourra refuser ces modèles.

J'ai commencé à pêcher l'ombre en septembre 1913, sur une rivière alors excellente, aujourd'hui dévastée par un braconnage libre. Sous d'épais ombrages, dans son lit de galets, l'Alagnon était alors si basse que les pêcheurs venus de Brioude n'y prenaient plus rien à la mouche noyée. Un clair matin d'automne, l'ayant longtemps suivie, je parvins à un assez beau courant qui se ralentissait sous un rocher au pied duquel j'observai ce qui me parut être des montées d'ablettes. Je lançai sur ces *rises* différentes mouches que le poisson refusa. Je regardai alors l'eau plus attentivement et découvris, là où se produisaient toujours les ronds minuscules, un essaim de moucherons gris qui, par moments, y tombaient, soit isolés, soit par petits paquets. L'idée me vint de chercher dans ma boîte à mouches une artificielle susceptible de reproduire, non point un de ces moucherons trop microscopiques pour être imités, mais une de leurs agglomérations. Je fixai mon choix sur une petite araignée en hackle de poule grise qui, au premier lancer prit un ombre de quatre cents grammes, puis trois autres également de même taille.

Voici maintenant le récit, copié sur mes notes, de pêches faites alors que j'avais acquis plus d'expérience.

J'étais, cette année-là, invité à passer le mois de sep-

tembre en Dauphiné. Une admirable rivière : le Guier,
dont j'entendais de ma chambre, la chute sur un barrage, traversait la propriété, mais l'ami dont j'étais l'hôte
n'étant pas pêcheur, ne m'avait donné sur les poissons
qu'elle contenait que les renseignements les plus vagues. Après une longue période de chaleur et de sécheresse, le lendemain de mon arrivée, un violent orage
balaya, des montagnes de la Grande Chartreuse, sur
toute la vallée, une pluie diluvienne qui, en quelques
heures, fit du Guier un petit Rhône. Cet orage qui nous
avait surpris et faillit causer un désastre en emportant
les volets du barrage, lequel commande une usine élec-
trique, devait avoir sur la pêche les plus heureux effets.

Deux jours plus tard, l'eau, revenue à son niveau
normal, s'étant éclaircie je descendis au bord du Guier
et j'y risquai deux mouches noyées dont l'une : une
perdrix grise qui reproduisait assez exactement une espèce d'araignée commune dans les pierres riveraines, me
valut une belle truite. Je continuai à pêcher en *waders*,
descendant le courant et alors de petites tractions répé-
tées m'avertirent que des ombres donnaient, mais, sauf
un seul, je les manquai tous ce matin-là.

Le jour suivant, le Guier ayant retrouvé toute sa limpidité les ombres que j'avais deviné nombreux commen-
cèrent à moucheronner et j'adoptai la mouche sèche.

Le lit du Guier, qui, parfois, dort en des caves profondes, tantôt fuit en nappes rapides mais assez faciles
à traverser pour passer d'une rive à l'autre est formé
d'une sorte d'aggloméré de sable et de vase sur lequel
les pieds ne glissent pas et se prête à cette pêche dans
l'eau qui m'a toujours séduit : la position du pêcheur
au sein de leur élément ne paraissant pas effaroucher
les poissons.

L'endroit où je pêchais de préférence chaque soir
était un grand courant, qui, faisant suite à des rapides,

entrait dans une gorge limitée, d'un côté, par une falaise et, de l'autre, par des bois. Sur toute cette nappe d'eau, les ombres montaient, cueillant des moucherons. Je réussis assez bien, en particulier au moment des averses qui, de loin en loin, tombaient encore, bien que le temps se mît au beau, avec de petits *Olive Duns* et des *Blue Duns*, mais aucun des poissons pris ne dépassait 3oo grammes et je ne commençai à en prendre de plus gros que le jour où j'utilisai de minuscules *Blue Quill Spinners* et *Red Quill Spinners* à quatre pointes de hackle sur ooo : je pris ce soir-là, en moins d'une heure, sept ombres dont quatre atteignaient la livre et dont le plus fort qui mesurait 45 centimètres pesait 7oo grammes. Si un ombre qui montait régulièrement, ayant été piqué, refusait le *Spinner*, j'étais sûr de l'avoir en lui présentant un *Tup's indispensable*. J'ajoute que je ne manquai, sur un hameçon microscopique, aucun de ces beaux poissons, tous pris par la lèvre, et dont la défense était longue, étant donné les ménagements dus à une ligne d'une extrême finesse. J'avais adopté la méthode suivante que je recommande dans un courant : dès que l'ombre donnait des signes de fatigue, je l'obligeai, d'un lent mouvement de la canne auquel il obéissait toujours, à remonter le courant au-dessus du point où je me trouvais et lorsqu'il se laissait redescendre, je le cueillais dans l'épuisette que je portais suspendue à ma ceinture. J'avais, au début et par ma faute, perdu un très bel ombre pour avoir voulu l'amener à contre-courant. Comme pour la truite, je ne me servais jamais du moulinet pour fatiguer un poisson, mais de la soie tenue à la main, ce qui assure un contact constant et permet une récupération beaucoup plus rapide si le poisson revient sur vous.

Le succès des très petites mouches m'engagea à les essayer durant la journée en plein soleil : je ne le fis jamais en vain, mais mes plus beaux ombres ont tous été pris le soir.

Le Guier qui fut, à mon avis, le type parfait de la rivière à ombres, a été empoisonné en août 1921 par l'usine de Chailles, au moment où les eaux, en raison de la sécheresse, étaient à leur niveau le plus bas. Il n'y reste plus à l'heure actuelle trace d'aucun poisson.

Vers la même époque, je me rendais à Prian-sur-Ain. Rapide et claire au milieu d'un large lit de cailloux et de roche que dominent des collines, et, qui, par endroits, se creuse pour former des *pools*, la rivière est fort belle. Elle contient en plus de l'ombre, de grosses truites, mais, durant les périodes de sécheresse, le poisson s'y réfugie dans les profondeurs où les filets seuls le prennent.

La pêche de l'ombre à la mouche, telle qu'on la pratique dans l'Ain ; telle que je l'y ai vu faire et l'ai faite moi-même, est une pêche spéciale, et l'Ain à ce point de vue tient, parmi les rivières françaises, une place à part.

J'ai mentionné tout à l'heure les fameuses *mouchettes* : il convient de les décrire. Ce sont, à vrai dire, moins des mouches que de très petits et fragiles hameçons italiens, d'une extrême finesse de fer et d'un blanc mat presque invisible dans l'eau, habillés d'un tour de soie ou de fil et de trois ou quatre courtes barbes de plume disposées en étoile. Ces artificielles sont, je l'ai dit, montées sur crin afin que dans l'eau, elles se détachent bien du bas de la ligne qui les porte, le crin gardant, même mouillé, une raideur que perd vite la racine.

A quoi tient la supériorité de ces moucherons, qui sans doute répondent à quelque insecte dont les ombres se nourrissent ? Je ne saurais le dire, mais il est un fait obscur depuis qu'on pêche à la mouche dans l'Ain : c'est que tous les autres modèles de mouches échouent et que seuls ceux-là réussissent à piquer et à tenir, dans des courants très vifs les petits ombres de cette rivière qui, certains jours, montreront une prédilection pour les mouches noires et, d'autres fois, ne prendront que les mouches rouges ou les mouches grises.

J'écris : *les petits ombres*, car le plus gros que je pris et qui fut déclaré un bel ombre pesait 200 grammes. Il me fut dit à Prian que les gros ombres que l'on prend au printemps ne séjournent pas dans l'Ain, mais redescendent au Rhône, de même que le saumon revient à la mer. Assurément, l'Ain, trop rapide et dépourvu d'ombrages, n'est pas une rivière à ombres, mais le Rhône, torrentueux, uniforme et pollué par des eaux de neige l'est encore moins.

J. d'Or SINCLAIR.

LE CHEVESNE ET LA VANDOISE
A LA MOUCHE ARTIFICIELLE

Dans le cours inférieur de beaucoup de rivières à truites, on rencontre fréquemment du chevesne, de l'ablette et de la vandoise.

On pique très souvent de ces poissons en pêchant à la mouche. Il n'est pas besoin d'utiliser des artificielles spéciales et un équipement particulier. C'est ainsi que j'ai pris, sur les *gnats* les plus minuscules des chevesnes de quatre livres aussi bien qu'avec de gros palmers sur *hameçon* n° 4, dont je n'avais cependant pas garni la pointe de l'asticot tentateur ou de la classique languette de peau de gant blanche. Je tiens ces derniers artifices pour complètement inutiles.

On prend à la mouche artificielle, même dans des rivières absolument dépourvues de salmonides, des chevesnes en pêchant exactement comme pour la truite: en mouche sèche ou noyée. Je dois reconnaître que c'est à la mouche sèche que j'ai piqué les plus beaux poissons.

Il n'est pas nécessaire, comme pour la truite, de

lancer très légèrement ; au contraire, l'artificielle tombant un peu lourdement semble plus meurtrière.

L'attaque du chevesne n'est pas aussi vive que celle des salmonides. On n'en voit jamais qui, comme la truite, démarrent soudain du fond pour happer l'artificielle flottante au courant. Ils se déplacent lentement, s'approchent de la mouche, l'aspirent doucement à la surface. Ils sont d'autant plus lents et paresseux que l'eau est plus calme et plus chaude.

C'est surtout en été que la pêche du poisson blanc à la mouche peut être pratiquée avec succès. On doit explorer surtout les berges boisées et lancer la mouche sous les branches qui surplombent le courant. On doit aussi essayer les grandes plages de gravier recouvertes seulement de quelques centimètres d'eau, il faut, dans le premier cas, employer les grandes artificielles, les palmers et, dans le second, des mouches plus petites.

Quant à la défense du chevesne, elle ne rappelle que de loin celle de la truite : au lieu de se débattre en surface comme cette dernière, il plonge directement au fond de l'eau, vers les herbes, et on en perd beaucoup à cause de cette tactique, bien que la défense soit incomparablement moins puissante que celle des salmonides, mieux armés pour la lutte.

La vandoise happe la mouche avec plus de vivacité que le chevesne, et il faut, pour la ferrer, un coup de poignet excessivement rapide. Mais de toute façon, on en manque beaucoup.

J'ai fait à la mouche artificielle de très belles pêches de blanchaille : ablettes, vandoises et petits chevesnes en utilisant un *gnat* dont voici la formule :

Hameçons : ooo.

Corps : soie jaune d'or.

Hackle : quelques tours d'une barbe de plume d'autruche noire.

Cette mouche, qui a certainement la silhouette la plus minuscule qui se puisse obtenir, flotte dans la perfection et réussit également bien pour la truite.

Pour la pêche du chevesne, on recommande généralement les gros palmers :

Black palmer.
Red palmer.
Soldier palmer.
Brown palmer.
Coch-y-Bondhu.

Je ne puis, à ce propos, que répéter ce que j'ai dit plus haut : j'ai pris et vu prendre des chevesnes de toute taille sur les plus petits *gnats*, sur les *olive duns* les plus courants comme aussi sur les énormes *palmers* recommandés partout. La conclusion c'est que l'on peut pêcher la chevesne sans rien changer de son matériel habituel de pêcheur de truites.

TABLE DES MATIÈRES

LE SAUMON

LA TRUITE DE MER, L'OMBRE, LE CHEVESNE ET LA VANDOISE

5164. — Tours, Imprimerie E. ARRAULT et Cⁱᵉ.

www.ingramcontent.com/pod-product-compliance
Ingram Content Group UK Ltd.
Pitfield, Milton Keynes, MK11 3LW, UK
UKHW020238180726
13839UKWH00001B/56